CHEMISCHE TECHNOLOGIE

IN EINZELDARSTELLUNGEN

HERAUSGEBER: PROF. DR. A. BINZ, BERLIN

ALLGEMEINE CHEMISCHE TECHNOLOGIE

DESTILLIEREN UND REKTIFIZIEREN

VON

DR.-ING. KURT THORMANN

MIT 65 ABBILDUNGEN IM TEXT
UND AUF 4 TAFELN

Springer-Verlag Berlin Heidelberg GmbH 1928

ISBN 978-3-662-27635-8 ISBN 978-3-662-29122-1 (eBook)
DOI 10.1007/978-3-662-29122-1

Ursprünglich erschienen bei Otto Spamer, Leipzig 1928
Softcover reprint of the hardcover 1st edition 1928

Vorwort.

Die beim Destillieren und Rektifizieren in den Apparaten sich abspielenden Vorgänge sind am ausführlichsten bis jetzt von *E. Hausbrand* in seinen bekannten Veröffentlichungen behandelt worden, die als bahnbrechend und daher überaus verdienstvoll anerkannt werden müssen. *Hausbrands* Arbeiten beziehen sich in der Hauptsache auf den Wärmebedarf, der für eine bestimmte Trennung notwendig ist, und zwar gelten seine Formeln nur für eine Säule mit unendlich vielen Böden, einen Grenzfall, der nicht immer Schlüsse auf die Verhältnisse in der Wirklichkeit zuläßt. Zudem stimmt die von *Hausbrand* für diesen Fall gemachte Annahme nicht immer, daß der Rücklauf aus der Verstärkungssäule die gleiche Zusammensetzung wie die Flüssigkeit in der Blase bzw. auf dem Einlaufboden habe, so daß man für viele Fälle, zum Beispiel für das technisch wichtige Gemisch Äthylalkohol-Wasser bei hohem Alkoholgehalt im Destillat, aus *Hausbrands* Formeln falsche Ergebnisse erhält. Seine Ausführungen, die meist recht umständliche Berechnungen notwendig machen, lassen sich nicht auf die Säulen mit Füllkörpern und noch viel weniger auf die in der Technik überaus wichtigen Kolonnen für ternäre Gemische übertragen.

Die vorliegende Arbeit versucht auf anderen Wegen einen besseren Einblick in die beim Destillieren und Rektifizieren sich abspielenden Vorgänge zu geben. Da die Gleichgewichtsbeziehungen zwischen Flüssigkeit und Dampf eines Gemisches nur durch eine Funktion gegeben sind, für die es keine analytischen Gesetze gibt, ist hierzu der einfachste und brauchbarste Weg nicht durch mathematische Rechnungen, sondern durch das zeichnerische Verfahren gegeben. Richtunggebend waren hier die in der Fachliteratur verstreuten Arbeiten zahlreicher Autoren, unter denen *Lewis*[1], *Robinson*[2], *v. Keußler*[3], *v. Rechenberg*[4], *Peters*[5], *Thiele*[6], *McCabe*[7], *Gay*[8] und *Mariller*[9] genannt sein mögen. Was die eigentliche Theorie der Trennsäulen be-

[1] *Warren K. Lewis:* Principles of Chemical Engineering, New York 1923.

[2] *Cl. Sh. Robinson:* The elements of fractional distillation, New York 1922.

[3] *Otto v. Keußler:* Die technische Erzeugung von absolutem Alkohol durch Druckdestillation des Gemisches Alkohol-Wasser-Benzol, Darmstadt 1926, Zeitschrift des Vereins Deutscher Ingenieure, Bd. 71, Nr. 16, S. 925.

[4] *v. Rechenberg:* Einfache und fraktionierte Destillation in Theorie und Praxis, 1923.

[5] *Peters:* Industrial and Engineering Chemistry, 1922, S. 476.

[6] und [7] *Thiele* und *McCabe:* Industrial and Engineering Chemistry, Vol. 17, 1925 Nr. 6.

[8] *Gay:* Chimie et Industrie, Paris, 1920—27.

[9] *Mariller:* Distillation et rectification des liquides industriels, Paris.

trifft, so wurde diese nach einheitlichen Gesichtspunkten behandelt, so daß ihre Anwendung auf alle in der Technik gebrauchten Trennsäulen, auch die mit Füllkörpern und die für ternäre Gemische, ermöglicht wurde. Bei allen Darstellungen wurde der größte Wert auf ein Höchstmaß an Einfachheit gelegt, so daß fast alle Ergebnisse ohne jede Rechnung, lediglich durch geometrische Verfahren einfachster Art, erhalten werden. Dadurch wird ein umfangreiches Tabellenwerk entbehrlich gemacht, dessen Wert eigentlich auch durch die überhaupt erreichbare Genauigkeit sehr eingeschränkt wird. Das Verständnis der Vorgänge bei der Destillation setzt aber auch die Kenntnis der physikalisch-chemischen Eigenschaften der Flüssigkeitsgemische insbesondere bei der Verdampfung voraus. Diese wurden daher in einem besonderen Abschnitt behandelt.

Berlin-Charlottenburg, September 1927.

Dr.-Ing. *Kurt Thormann.*

Inhaltsverzeichnis.

I. Die Eigenschaften der Flüssigkeitsgemische.

1. Die Phasenregel von *Gibbs*.

Die bei der Destillation eines Flüssigkeitsgemisches sich abspielenden Vorgänge lassen sich nur verfolgen, wenn zwischen allen physikalischen Größen ein ganz bestimmter Zusammenhang besteht, der eindeutig einen bestimmten Gleichgewichtszustand festlegt. Hierüber gibt die *Gibbs*sche Phasenregel Auskunft, die ein Gesetz von allgemeiner Gültigkeit darstellt, hier aber nur auf Flüssigkeiten und ihre Gemische angewendet werden soll.

Jedes System von einem oder mehreren Stoffen kann man sich in Teile zerlegt denken, die durch physikalische Eigenschaften deutlich voneinander abgegrenzt sind. Nehmen wir als Beispiel das Wasser, so kann das System aus zwei solchen Teilen, zum Beispiel Wasser in flüssigem Zustand und Wasserdampf, oder zweitens Eis und Dampf oder aber auch drittens aus drei Teilen, Eis, Wasser und Dampf, bestehen. Tritt ein zweiter Stoff zum Wasser hinzu, zum Beispiel Alkohol, der sich im Wasser vollständig löst, so haben wir in dem System wie vorher einen flüssigen Teil und einen Dampfteil. Ist der zugefügte Stoff jedoch in Wasser unlöslich, wie zum Beispiel Benzol, so besteht die Flüssigkeit aus zwei Teilen, nämlich einer Benzolschicht und einer Wasserschicht, so daß das ganze System aus drei Teilen — zwei flüssigen und einem dampfförmigen — besteht. Jeder dieser Teile eines Systems, die bei einer bestimmten Temperatur und einem bestimmten Druck in einem ganz bestimmten Zusammenhang zueinander stehen, wird mit Phase bezeichnet.

Wie aus dem Beispiel hervorgeht, ist für die Bestimmung des Gleichgewichtszustandes auch die Zahl der Komponenten von Bedeutung. Diese ist die kleinste Zahl von chemisch reinen Stoffen, aus denen man das System zusammensetzen kann. Ein Ammoniak-Wassergemisch könnte man aus Stickstoff, Wasserstoff und Sauerstoff, also aus drei Stoffen, zusammensetzen. Die kleinste Zahl ergibt sich jedoch bei der Zusammensetzung aus Wasser und Ammoniak, so daß als Komponentenzahl hier zwei anzusehen ist.

Schließlich kommt es noch auf die Zahl der die physikalischen Eigenschaften des Systems bestimmenden Veränderlichen an, die voneinander unabhängig sind. Diese Größen werden mit Freiheiten bezeichnet und sind im folgenden auf Druck, Temperatur und Zusammensetzung beschränkt.

Bezeichnet man mit K die Zahl der Komponenten, mit P die Phasenzahl und mit F die Zahl der Freiheiten, so ergibt sich nach *Gibbs* ganz allgemein:

$$K + 2 = P + F. \tag{1}$$

Die *Gibbs*sche Phasenregel ermöglicht nur qualitative, keine quantitativen Ergebnisse für die Phasen und Stoffe eines beliebigen Systems. An einigen Beispielen soll dies weiter erläutert werden.

Es sei zunächst ein aus Eis, flüssigem Wasser und Wasserdampf bestehendes System betrachtet. Die Zahl der Komponenten K ist 1, die Zahl der Phasen beträgt 3, entsprechend dem festen, flüssigen und dampfförmigen Aggregatzustand des Eises, Wassers und Wasserdampfes. Nach der obigen Gleichung muß dann die Zahl der Freiheiten Null sein, das heißt alle drei Phasen sind gleichzeitig nur bei einem bestimmten Druck und einer ganz bestimmten Temperatur beständig. Wird zum Beispiel die Temperatur geändert, so sind nur zwei Phasen möglich. Daraus ergibt sich das bekannte Gesetz, daß für gesättigten Dampf zu jedem Druck eine bestimmte Temperatur gehört und umgekehrt mit der Temperatur auch der Druck bestimmt ist.

Tritt nun zum Wasser noch ein anderer Stoff, zum Beispiel ein in Wasser unlöslicher, wie etwa Benzol, so haben wir zwei Komponenten, außerdem ergeben sich aber auch drei Phasen, nämlich zwei flüssige infolge der Unlöslichkeit der Komponenten und eine dampfförmige. Es bleibt also wie vorher nach der obigen Gleichung eine Freiheit übrig. Ändert man also zum Beispiel den Druck, so ist damit die Temperatur und gleichzeitig auch die Zusammensetzung des Dampfes gegeben. Bei einem Gemenge von zwei Flüssigkeiten ist also die Zusammensetzung der Flüssigkeit bei allen Drücken ohne jeden Einfluß auf Temperatur und Dampfzusammensetzung. Ist der zweite Stoff, der dem Wasser zugemischt wird, ein mit ihm löslicher, wie zum Beispiel Alkohol, so hat man wie vorher zwei Komponenten, aber nur zwei Phasen, eine flüssige und eine dampfförmige. Die *Gibbs*sche Phasenregel ergibt daher zwei Freiheiten. Man kann in einem solchen Gemisch also zum Beispiel den Druck willkürlich festlegen und außerdem noch die Flüssigkeitszusammensetzung annehmen. Dann sind aber Temperatur und Dampfzusammensetzung eindeutig bestimmt. Legt man in einem solchen, aus zwei ineinander löslichen Komponenten bestehenden Gemisch Druck und Temperatur fest, so sind damit auch die Flüssigkeits- und Dampfzusammensetzungen für den Gleichgewichtszustand vollständig festgelegt.

Betrachten wir nun ein aus drei Komponenten bestehendes System, die alle ineinander löslich seien, so erhält man, da zwei Phasen vorhanden sind, aus der *Gibbs*schen Phasenregel drei Freiheiten. Die Zusammensetzung der Flüssigkeit ist nur dann eindeutig gegeben, wenn der Gehalt von zwei Stoffen in ihr bekannt ist. Ist dies für ein beliebiges Beispiel der Fall, so kann man noch eine Veränderliche willkürlich bestimmen, da drei Freiheiten vorhanden sind. Legt man etwa den Druck fest, so ist dann damit die Temperatur und auch die Zusammensetzung des Dampfes in allen Komponenten eindeutig bestimmt. Sind von den drei ein System bildenden Komponenten zwei miteinander löslich und mit der dritten beide unlöslich, so erhält man drei Phasen, nämlich eine dampfförmige und zwei flüssige, von denen die eine aus dem in den beiden anderen unlöslichen Stoff besteht und die andere aus den beiden gegenseitig löslichen Komponenten besteht. Nach der *Gibbs*schen Phasenregel beträgt in diesem Fall die Zahl der Freiheiten zwei. Legt man zum Beispiel die Zusammensetzung der aus den beiden ineinander löslichen Stoffen bestehenden Flüssigkeit und den Druck fest, so ist damit die Temperatur und die Dampfzusammensetzung eindeutig bestimmt. Der Gehalt an dem dritten Stoff in der Flüssigkeit ist also hier ohne jeden Einfluß.

2. Die Einheiten.

Während bei allen Rechnungen, die sich nur auf einen Stoff beziehen, wie sie zum Beispiel in der Wärmetechnik vorkommen, das Gramm oder Kilogramm die gegebene Gewichtseinheit ist, kann es dann, wenn mehrere Stoffe vorhanden sind, besser sein, statt der üblichen Gewichtseinheiten solche zu verwenden, die sich auf das in Kilogramm ausgedrückte Molekulargewicht — das sog. Mol — beziehen. Da es sich bei den hier behandelten Fragen immer um Gemische von mehreren Stoffen handelt, werden daher dort, wo sich Vorteile bieten, molare Einheiten angewendet. Auch die Zusammensetzung der Gemische wird dann nicht in Gew.-% oder dem Verhältnis des Schwersiedenden zum Leichtsiedenden, sondern in Mol.-% eingeführt, und zwar soll dabei immer der Gehalt an Leichtsiedendem angegeben werden, also an dem Stoff, der bei 760 mm QS den geringeren Siedepunkt hat. Auf die Bedeutung der molaren Einheiten soll im folgenden näher eingegangen werden.

In einem Gemisch von 100 kg Gesamtgewicht seien a kg von dem Stoff mit dem Molekulargewicht M_a, b kg von dem Stoff mit dem Molekulargewicht M_b und c kg von dem Stoff mit dem Molekulargewicht M_c, so daß a, b und c gleichzeitig den Gehalt des Gemischs an dem betreffenden Stoff in Gew.-% angeben. In a kg sind dann a/M_a Mole von dem Stoff mit dem Molekulargewicht M_a enthalten. Ebenso entsprechen b und c kg der Stoffe mit den Molekulargewichten M_b und M_c b/M_b und c/M_c Mole. Für das als Beispiel gewählte Gemisch kann man ein Molekulargewicht M als Rechnungsgröße bestimmen, indem man das Gesamtgewicht der Mischung = 100 kg durch die Zahl der in diesem Gewicht vorhandenen Mole der drei Stoffe dividiert:

$$M = \frac{100}{\frac{a}{M_a} + \frac{b}{M_b} + \frac{c}{M_c}} . \tag{2}$$

Das Verhältnis der Mole eines einzelnen Bestandteiles einer Mischung von mehreren Stoffen zu der Gesamtzahl der Mole, die in der Mischung vorhanden sind, bezeichnet man als Molenbruch oder nach Multiplikation mit Hundert als Mol.-%. Da das Gesamtgewicht des Gemischs mit Hundert angenommen war, beträgt die Zahl der Mole im Gemisch = $100/M$. Bezeichnet man die den Gew.-% a, b und c der drei Stoffe entsprechenden Mol.-% mit x, y und z, so ist:

$$\left.\begin{aligned} x &= \frac{\frac{a}{M_a}}{\frac{100}{M}} 100 \\ y &= \frac{\frac{b}{M_b}}{\frac{100}{M}} 100 \\ z &= \frac{\frac{c}{M_c}}{\frac{100}{M}} 100 . \end{aligned}\right\} \qquad (3)$$

Aus der obigen Gleichung für M (2) ergibt sich dann der Gehalt des Gemischs an dem Stoff mit dem Molekulargewicht M_a aus den entsprechenden Gew.-% in Mol.-%:

$$x = \frac{\frac{a}{M_a}}{\frac{a}{M_a} + \frac{b}{M_b} + \frac{c}{M_c}} 100 \text{ Mol.-\%} . \qquad (4)$$

Entsprechende Gleichungen ergeben sich für die beiden anderen Stoffe für y und z Mol.-%.

Für ein binäres Gemisch mit a Gew.-% Leichtsiedendem erhält man die Zusammensetzung in Mol.-% aus der Gleichung:

$$x = \frac{\frac{a}{M_a}}{\frac{a}{M_a} + \frac{100 - a}{M_b}} \cdot 100 . \qquad (5)$$

Man kann mit hinreichender Genauigkeit die Annahme machen, daß die Dämpfe die allgemeine Zustandsgleichung befolgen. Die Dampfteildrücke der drei Stoffe des Gemischs seien p_a, p_b und p_c. Sie addieren sich nach dem *Dalton*schen Gesetz zu dem meßbaren Gesamtdruck P des Gemischs. Der Rauminhalt des Gemischs, dessen Gewicht wieder 100 kg betragen möge, sei mit V (cbm) bezeichnet. Die absolute Temperatur des Gemischs betrage T Grad C. Bedeutet C eine Konstante, so lauten die Zustandsgleichungen für die drei Bestandteile des Gemisches:

$$\left.\begin{aligned} p_a V &= a \frac{C}{M_a} T \\ p_b V &= b \frac{C}{M_b} T \\ p_c V &= c \frac{C}{M_c} T . \end{aligned}\right\} \qquad (6)$$

Ebenso ergibt sich die Zustandsgleichung für die gesamte Mischung:

$$P V = 100 \frac{C}{M} T . \tag{7}$$

Aus diesen vier Gleichungen errechnet man die Werte für a/M_a, b/M_b, c/M_c und $100/M$ und setzt sie in die drei obigen Gleichungen für x, y und z ein. Man erhält dann drei Gleichungen für die Dampfzusammensetzungen in Mol.-%, die zum Unterschied von den Zusammensetzungen der Flüssigkeit mit großen Buchstaben bezeichnet werden:

$$\left.\begin{aligned} X &= \frac{p_a}{P} 100 \\ Y &= \frac{p_b}{P} 100 \\ Z &= \frac{p_c}{P} 100 . \end{aligned}\right\} \tag{8}$$

Der Gehalt an einem Stoff im Dampf in Mol.-% ist also proportional dem Verhältnis des Teildrucks dieser Komponente zu dem Gesamtdruck.

Sind die Zusammensetzungen in Mol.-% gegeben, so läßt sich das Molekulargewicht M des Gemisches in einfacher Weise bestimmen. Addiert man die drei Gleichungen für x, y und z und setzt $(a + b + c) = 100$, so erhält man:

$$M = (x M_a + y M_b + z M_c) : 100 . \tag{9}$$

Zu derselben Gleichung gelangt man, wenn man aus den vier Zustandsgleichungen (7, 8) a, b und c errechnet und die Summe von a, b und c wieder $= 100$ setzt. Es ergibt sich dann: $P M = p_a M_a + p_b M_b + p_c M_c$

$$M = (X M_a + Y M_b + Z M_c) : 100 . \tag{9a}$$

Sehr einfach gestaltet sich die Rechnung mit Verdampfungswärmen bei der Anwendung von molaren Einheiten. Bezeichnet man die auf 1 kg bezogenen Verdampfungswärmen mit kleinen griechischen Buchstaben und die auf ein Mol bezogenen mit großen Buchstaben, so ist:

$$\left.\begin{aligned} A &= M_a \alpha \\ B &= M_b \beta . \end{aligned}\right\} \tag{10}$$

Mit hinreichender Genauigkeit kann angenommen werden, daß die Verdampfungswärmen eines Gemischs gleich der Summe der latenten Wärmen der einzelnen Komponenten ist. Es ist daher die latente Verdampfungswärme eines binären Dampfgemischs für 1 kg:

$$r = \frac{a}{100} \alpha + \frac{(100 - a) \beta}{100} . \tag{11}$$

Mit $a = x M_a / M$ ergibt sich:

$$r = \frac{x M_a \alpha}{100 M} + \left(1 - \frac{x M_a}{100 M}\right) \beta$$

$$r = \frac{x A}{100 M} + \left(1 - \frac{x}{100}\right) \frac{B}{M} .$$

$$\text{Verdampfungswärme des Gemischs/Mol} = R = \frac{x}{100} A + \left(1 - \frac{x}{100}\right) B .$$

Nach der *Trouton*schen Regel sind die molaren Verdampfungswärmen nur den absoluten Siedetemperaturen proportional. Diese liegen bei den sich lösenden Flüssigkeiten fast immer nahe beieinander. Infolgedessen sind auch die molaren Verdampfungswärmen zweier sich lösender Flüssigkeiten nahezu gleich. Um dies zu zeigen, sind in der nachfolgenden Tabelle für einige Stoffe die Verdampfungswärmen/Mol und die Siedetemperaturen angegeben.

	Verdampfungswärme/Mol	Siedetemp. C		Verdampfungswärme/Mol	Siedetemp. C
Äthyläther	6700	35	n-Butylalkohol	10600	117
Aceton	7300	56	Amylalkohol	10560	129
Methylalkohol	8500	67	Benzol	7500	80
Äthylalkohol	9500	78	Toluol	8000	111
Wasser	9650	100	m-Xylol	8200	140
Isopropylalkohol	9600	83	Äthylbenzol	8100	134
sek. Butylalkohol	10000	100	Anilin	9700	183
Isobutylalkohol	10200	106			

Wie die Tabelle zeigt, kann man für sich lösende Flüssigkeiten fast immer $A = B$ setzen. Aus der obigen Gleichung für die Verdampfungswärme eines Mols von einem Gemisch ergibt sich dann: $R = A = B$. Die auf ein Mol bezogenen Verdampfungswärmen aller Gemische sich lösender Flüssigkeiten sind gleich den molaren Verdampfungswärmen der Komponenten.

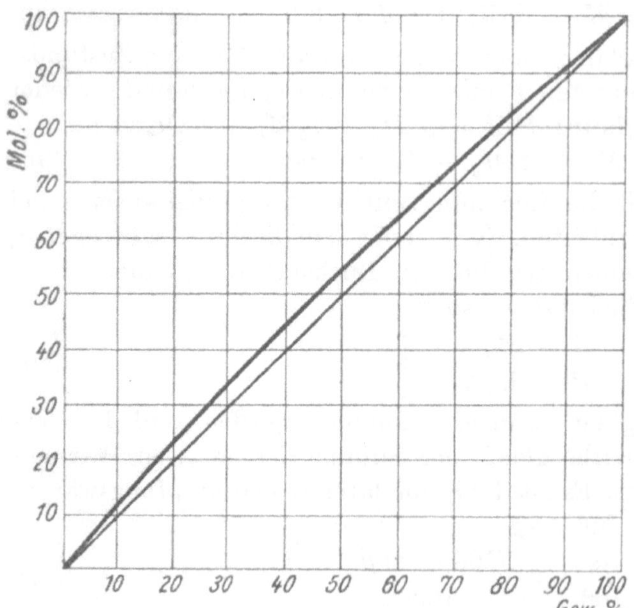

Abb. 1. Umrechnungskurve für Benzol-Toluol-Gemische.

Aus der Zustandsgleichung ergibt sich das Volumen eines Mols Dampf:

$$v M = \frac{C T}{p} .$$

Für 0° C und 735 mm QS = 1 at abs. erhält man mit $C = 848$: $v M = 22{,}4$. Das Volumen eines Mols Dampf ist daher für eine bestimmte Temperatur und einen bestimmten Druck unveränderlich. Auch diese Tatsache macht die Anwendung molarer Einheiten für manche Betrachtungen vorteilhaft. Es verhalten sich zum Beispiel die bei gleichen Dampfgeschwindigkeiten durch zwei Leitungen strömenden Dampfmengen von beliebiger Komponentenzahl und Zusammensetzung in Molen wie die Querschnitte dieser Leitungen.

Um nicht immer die Umrechnung von Gew.-% in Mol.-% und umgekehrt vornehmen zu müssen, zeichnet man sich die Mol. % als Funktion der Gew.-% für das betreffende Gemisch auf, wie es in Abb. 1 für das Gemisch Benzol-Toluol geschehen ist. Liegen die Molekulargewichte sehr nahe beieinander, so sind die Gew.-% angenähert gleich den Mol.-%. Sehr oft ist es zweckmäßig, die Achsen der Schaubilder mit zwei Skalen zu versehen, eine für die Gew.-% und eine für die Mol.-%, so daß man für jeden Punkt des Schaubildes gleich beide Zusammensetzungen ablesen kann.

3. Die Löslichkeit von Flüssigkeiten.

Die in den Destillier- und Rektifizierapparaten sich abspielenden Vorgänge stehen in engstem Zusammenhang mit den Eigenschaften der in ihnen verarbeiteten Stoffe, die bekannt sein müssen, wenn die von einem Apparat verlangten Leistungen beurteilt werden sollen. So kann es zum Beispiel vorkommen, daß die Trennung eines Gemisches über einen bestimmten Punkt hinaus auch mit den besten Apparaten nicht möglich ist. Es soll daher zunächst auf die wichtigsten physikalischen Eigenschaften der Flüssigkeitsgemische eingegangen werden. Diese hängen in der Hauptsache von der Art der Löslichkeit der Flüssigkeiten ineinander ab. Werden zwei Flüssigkeiten miteinander vermischt, so können sie entweder die sie kennzeichnenden Eigenschaften behalten oder aber sie zeigen andere Eigenschaften, die mehr oder weniger deutlich die Eigenschaften der Komponenten erkennen lassen. Der erste Fall tritt bei gegenseitig unlöslichen Flüssigkeiten ein, die man auch Gemenge nennt. Diese sind durch rein mechanische Mittel, zum Beispiel Absitzgefäße oder Schleudern, zu trennen. Vollständige Unlöslichkeit gibt es kaum. Je mehr sich die Stoffe chemisch ähnlich sind, um so leichter und vollständiger lösen sie sich. Für die Löslichkeit mit Wasser hat *Rothmund* (Zeitschrift für physik. Chemie 1898, S. 489) eine Reihenfolge aufgestellt, die auch ungefähr die Löslichkeit der Verbindungen angibt. Danach nimmt die Löslichkeit etwa in folgender Weise ab:

niedere Fettsäuren,
niedere Alkohole,
niedere Ketone,
niedere Aldehyde,
Nitrile,
Phenole,
aromatische Aldehyde,
Äther,
Kohlenwasserstoffhalogenide,
Schwefelkohlenstoff,
Kohlenwasserstoffe.

Der Grad der Löslichkeit hängt von der Temperatur ab, und zwar nimmt diese meist mit zunehmender Temperatur zu, um bei einem bestimmten Punkt, der sog. kritischen Lösungstemperatur, wieder zu fallen. Bei dieser Temperatur verschwinden die beiden Flüssigkeitsschichten, und man erhält über diese Temperatur hinaus stets nur eine einzige Lösung.

Ein Beispiel ist in Abb. 2 für eine Phenol-Wasser-Mischung mit den Temperaturen als Ordinaten und den Zusammensetzungen als Abszissen dargestellt. Mit zunehmender Temperatur steigt die Löslichkeit zuerst sehr langsam, dann rascher bis zur kritischen Lösungstemperatur an, die bei 35,9% Phenol und 69° C liegt. Gibt man Phenol zu reinem Wasser und hält dabei die Temperatur unveränderlich auf 30° C, so wird das Phenol zunächst vollständig gelöst, bis ein Gehalt von 8,6% Phenol erreicht ist. Dann bildet sich eine zweite Schicht, die etwa 70% Phenol enthält. Gibt man jetzt noch mehr Phenol hinzu und hält die Temperatur weiter auf 30° C, so nimmt die Schicht mit 8,6% Phenol ab und die mit 70% Phenol zu, wobei die Zusammensetzungen beider Schichten sich nicht ändern. Weiterer Phenolzusatz bringt die erste Schicht zum Verschwinden und die ganze Flüssigkeit enthält gleichmäßig 70% Phenol. Über 69° C hört die Schichtenbildung ganz auf.

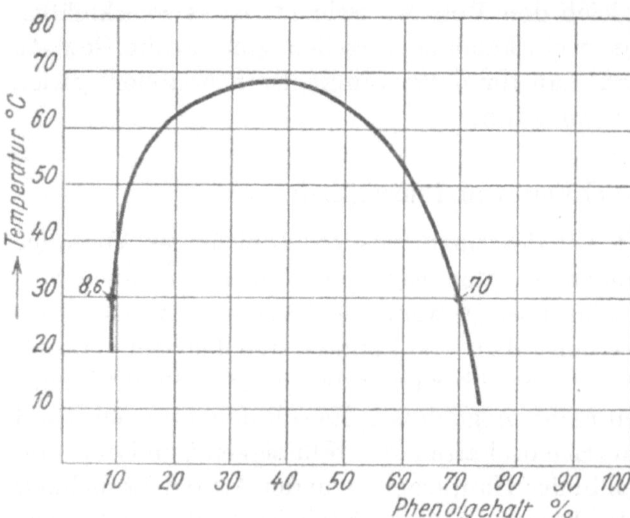

Abb. 2. Löslichkeit von Phenol im Wasser.

Sobald Löslichkeit vorhanden ist, können die Flüssigkeitsgemische durch mechanische Mittel nicht mehr getrennt werden, es muß vielmehr die Verdampfung angewandt werden. Das Verhalten der Flüssigkeitsgemische hierbei soll im folgenden untersucht werden.

4. Einteilung der binären Flüssigkeitsgemische.

Je nach der Lösungsart kann man alle Flüssigkeitsgemische nach *v. Rechenberg* (Einfache und fraktionierte Destillation in Theorie und Praxis, 1923) etwa in folgender Weise einteilen:

1. Keine Löslichkeit oder Spuren von Löslichkeit,
2. teilweise Löslichkeit,
3. vollständige Löslichkeit mit ausgezeichnetem Punkt: Maximumdampfdruck, Minimumsiedepunkt,
4. vollständige Löslichkeit ohne ausgezeichneten Punkt: ideale Lösung,
5. vollständige Löslichkeit mit ausgezeichnetem Punkt: Minimumdampfdruck, Maximumsiedepunkt.

Hierbei ist jedoch zu beachten, daß diese Einteilung kein starres System bildet, sondern nur eine Reihe von wichtigen Flüssigkeitsgemischen hervorhebt, zwischen denen es Übergangsformen in großer Zahl gibt. Unter Beibehaltung dieser Einteilung sind die wichtigsten Eigenschaften der Flüssigkeitsgemische auf Abb. 3 (Taf. I) in Schaubildern in Abhängigkeit von dem Gehalt der Flüssigkeit an Leichtsiedendem in Mol-% zusammengestellt.

Es sei hier noch erwähnt, daß auch der Lösungsvorgang selbst einen Aufschluß über die Zugehörigkeit zu einer von diesen Gruppen von Gemischen geben kann. Bei idealen Lösungen findet zum Beispiel keine Temperatur- oder Volumenänderung der Flüssigkeit statt.

5. Die Eigenschaften der Gemische aus gegenseitig unlöslichen Flüssigkeiten.

Ist keine Löslichkeit vorhanden, was praktisch kaum vorkommt, da Spuren von Löslichkeit fast immer vorhanden sind, so verhalten sich die beiden Flüssigkeiten und die aus ihnen entstehenden Dämpfe genau so, als ob jeder von diesen für sich allein bei der gleichen Temperatur vorhanden wäre. Nach dem *Dalton*schen Gesetz ist der Gesamtdruck eines Gasgemisches gleich der Summe der Drücke, die jedes Gas bei gleicher Temperatur und gleichem Rauminhalt für sich allein haben würde. Mit Hilfe dieses Gesetzes läßt sich die Dampfzusammensetzung eines Gemenges berechnen. Es sei:

G = Dampfgewicht in Kilogramm,
V = Rauminhalt in Kubikmeter,
p = Druck des Dampfes in kg/m^2,
T = absolute Temperatur,
M = Molekulargewicht,
C = 848.

Dann ergibt die Zustandsgleichung:

$$G = \frac{p\,V\,M}{C\,T}\,\text{kg}\,.$$

Für zwei Stoffe, die durch die Ziffern 1 und 2 hier gekennzeichnet sein mögen, ergeben sich demnach die Dampfgewichte, wenn beide Stoffe sich in dem gleichen Raum mit dem Inhalt V und der Temperatur T befinden:

$$\left.\begin{aligned} G_1 &= \frac{p_1\,V\,M_1}{C\,T} \\ G_2 &= \frac{p_2\,V\,M_2}{C\,T}\,. \end{aligned}\right\} \tag{13}$$

Der Gesamtdruck P setzt sich aus den beiden Teildrücken p_1 und p_2 zusammen. Es ist also:

$$P = p_1 + p_2\,. \tag{14}$$

Unter Benutzung dieser Beziehung zur Berechnung der Teildrucke p_1 und p_2 ergibt sich der Gehalt an dem Stoff 1 im Dampf a in Gew.-%:

$$a = \frac{p_1 M_1}{p_1 M_1 + p_2 M_2} 100 = \frac{p_1 M_1}{P M} 100 \text{ Gew.-\%}. \quad (15)$$

Dampfzusammensetzung in Mol.-% $= X = \frac{p_1}{P} 100$ in Mol.-%.

Es ist zu beachten, daß in diesen Beziehungen p_1 und p_2 sich immer auf die gleiche Temperatur beziehen.

Beispiel: Es ist die Dampfzusammensetzung eines unter 760 mm QS siedenden Benzol-Wasser-Gemenges zu berechnen.

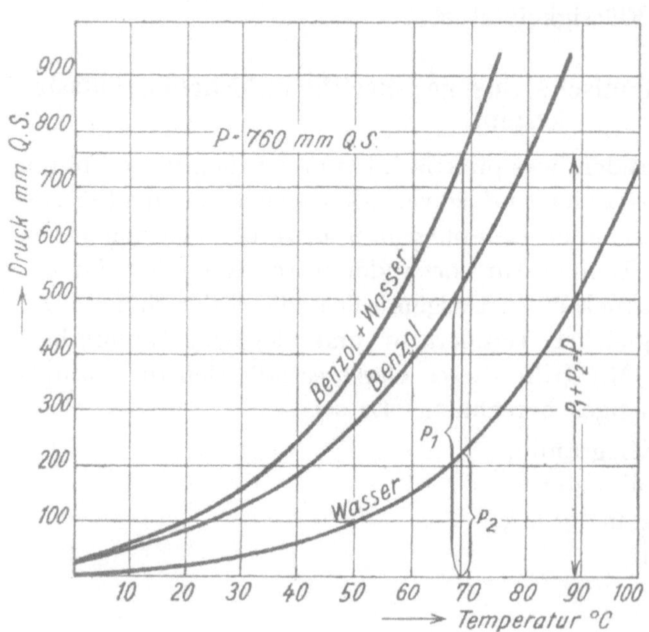

Abb. 4. Bestimmung der Teildrücke eines Gemenges.

Die Destillationstemperatur ist vorläufig unbekannt. Die Teildrücke ergeben sich aus dem *Dalton*schen Gesetz. Ihre Bestimmung geschieht zweckmäßig in der Weise, daß man sich in einem Schaubild mit den Drucken als Ordinaten und den Temperaturen als Abszissen die Siedekurven für Benzol und Wasser einträgt und aus diesen beiden Kurven die Summenkurve bildet, wie es in Abb. 4 geschehen ist. Die Abszisse des Punktes mit der Ordinate $p = 760$ mm QS gibt die Destillationstemperatur $t = 69°$ C und die Teildrucke des Benzols $p_1 = 534$ und des Wasserdampfs $p_2 = 226$ mm-QS. Die Molekulargewichte betragen für Wasser 18 und für Benzol 78. Man erhält demnach für den Benzolgehalt im Dampf:

$$a = \frac{534 \cdot 78}{534 \cdot 78 + 226 \cdot 18} = 91{,}2 \text{ Gew.-\%},$$

$$X = \frac{534}{760} = 70{,}2 \text{ Mol.-\%}.$$

Es ist zu beachten, daß dieser Wert nicht von der Flüssigkeitszusammensetzung abhängt. Das Destillat hat also bei einem bestimmten Dampfdruck immer nur eine ganz bestimmte Zusammensetzung. Nur wenn einer der beiden Bestandteile in sehr großem Überschuß vorhanden ist, macht sich entsprechend der bei den beiden Stoffen vorhandenen Löslichkeit der Einfluß der einen Komponente bemerkbar, wie es auch in der Spalte 1 auf Abb. 3 (Taf. I) ersichtlich ist.

6. Der Einfluß der Löslichkeit auf die Teildampfdrücke.

Mit größer werdender Lösungsfähigkeit der Flüssigkeiten sinkt der Dampfdruck und erhöht sich der Siedepunkt. In der Reihe I auf Abb. 3 (Taf. I) sind die Dampfdrücke für das Leichtsiedende und das Schwersiedende in Abhängigkeit von der Flüssigkeitszusammensetzung für unveränderliche Temperatur dargestellt. Verfolgt man die Schaubilder für die Teildrucke in der Richtung zunehmender Löslichkeit, so erkennt man deutlich das Geringerwerden der Teildrücke. Bei teilweiser Löslichkeit sinkt der Teildruck des Stoffes, dessen Gehalt in der Flüssigkeit gering ist, ganz besonders schnell, während die Drucke bei mittleren Flüssigkeitszusammensetzungen entsprechend der vorhandenen Unlöslichkeit nahezu unverändert bleiben. Ähnlich verlaufen die Kurven bei den löslichen Flüssigkeiten mit Minimumsiedepunkt, was auch damit begründet wird, daß sich Doppelmoleküle bilden, die die Erniedrigung des Dampfdrucks bewirken. Bei vollständiger Löslichkeit kann der Fall eintreten, daß die Dampfteildrucke den Flüssigkeitszusammensetzungen proportional sind, wie es in dem Schaubild 4 der Reihe *I* auf Abb. 3 (Taf. I) ersichtlich ist. Man nennt solche Gemische ideale Lösungen. Es seien für ein derartiges Gemisch p_1 und p_2 die Dampfteildrücke bei einer gegebenen Temperatur, P_1 und P_2 die Dampfspannungen der reinen Komponenten bei der gleichen Temperatur, x der Gehalt der Flüssigkeit an Leichtsiedendem in Mol.-%.

Man erhält dann:

$$\left.\begin{aligned} p_1 &= \frac{x P_1}{100} \\ p_2 &= \frac{100 - x}{100} P_2 . \end{aligned}\right\} \qquad (16)$$

Bei einigen Gemischen sind die Dampfteildrücke noch geringer, als wie sie dem obigen Gesetz für ideale Lösungen entsprechen würden. Dieses Verhalten wird auch damit begründet, daß die beiden Bestandteile des Gemisches sich teilweise chemisch miteinander verbinden. Ein Beispiel hierfür stellt das oberste Schaubild in der Spalte 5 von Abb. 3 (Taf. I) dar.

7. Der Gesamtdruck bei unveränderlicher Temperatur.

Der Gesamtdruck bei einer bestimmten Temperatur ergibt sich für verschiedene Flüssigkeitszusammensetzungen durch Addition der Teildrucke und ist in Abb. 3 (Taf. I) für verschiedene Gemische in der Reihe *II* dargestellt. Für unlösliche Flüssigkeiten ist der Gesamtdruck für alle Zusammensetzungen unveränderlich und immer größer als der Druck einer Komponente allein in reinem Zustand, für teilweise lösliche ist er nur für den Bereich der Unlöslichkeit nahezu unveränderlich und ebenfalls größer als der Druck irgendeiner Komponente allein. Je größer die Löslichkeit ist, um so mehr flacht sich die Druckkurve ab. Alle diese Lösungen sind also durch einen Maximumdampfdruck bei unveränderlicher Temperatur gekennzeichnet.

Für ideale Lösungen wird der Gesamtdampfdruck durch eine Gerade dargestellt und kann in folgender Weise berechnet werden:

$$P = p_1 + p_2 = \frac{x P_1 + (100 - x) P_2}{100}. \tag{17}$$

Bei den in der letzten Spalte auf Abb. 3 (Taf. I) zusammengefaßten Gemischen ist der Gesamtdampfdruck für eine bestimmte Temperatur kleiner als der irgendeiner Komponente allein. Diese Gemische sind also durch einen Minimumdampfdruck bei unveränderlicher Temperatur gekennzeichnet.

8. Die Dampfzusammensetzung.

Aus dem Teildruck und dem vorhandenen Gesamtdruck ergibt sich die mit einer beliebigen Flüssigkeitszusammensetzung im Gleichgewicht befindliche Dampfzusammensetzung. Sie wird immer aus der Beziehung $X = 100\, p_1/P$ in Mol.-% erhalten, wo P den Gesamtdruck darstellt. Da für unlösliche Gemische die Siedetemperatur bei einem gegebenen Gesamtdruck für alle Flüssigkeitszusammensetzungen unveränderlich ist, wird die Gleichgewichtsdampfzusammensetzung in diesem Fall durch eine Parallele zur Abszissenachse dargestellt, wenn man die Dampfzusammensetzungen als Ordinaten und die Flüssigkeitszusammensetzungen als Abszissen in einem Schaubild aufträgt. Für eine bestimmte Zusammensetzung muß der Gehalt an Leichtsiedendem im Dampf ebenso groß sein wie der der Flüssigkeit, aus der dieser entstand. Tritt dieser Fall ein, so spricht man von einem ausgezeichneten Punkt. Für unlösliche Gemische ist demnach die Dampfzusammensetzung bei einem bestimmten Druck für alle Flüssigkeitszusammensetzungen gleich der des ausgezeichneten Punkts. Solange noch beide Komponenten in der Flüssigkeit vorhanden sind, geht das Destillat in unveränderlicher Zusammensetzung bei diesen Gemischen über.

Sind die Flüssigkeiten ineinander löslich, so verändern sich sowohl der Gesamtdruck als auch die Teildrücke für eine bestimmte Temperatur mit den Flüssigkeitszusammensetzungen. Für die Destillationspraxis haben jedoch nur die Dampfzusammensetzungen X Interesse, die sich bei einem bestimmten Druck, zum Beispiel dem Atmosphärendruck, ergeben, nicht aber die, die sich bei einer bestimmten unveränderlichen Temperatur einstellen. Trägt man daher die Dampfzusammensetzungen als Ordinaten und die Flüssigkeitszusammensetzungen als Abszissen für einen bestimmten Druck auf, so ergibt sich ein Schaubild — die sog. Gleichgewichtskurve —, bei dem die Temperaturen veränderlich sind. Um dies deutlich zu zeigen, ist in Abb. 5 die Gleichgewichtskurve für Äthylalkohol-Wasser bei Atmosphärendruck dargestellt, wobei die zugehörigen Siedetemperaturen in das Schaubild eingetragen sind. Für die unlöslichen Gemische lassen sich die Gleichgewichtskurven, wie oben gezeigt, in einfacher Weise bestimmen. Dasselbe gilt für den ausgezeichneten Teil der begrenzt löslichen Flüssigkeiten mit mehr oder weniger großer Genauigkeit. Für die anderen Gemische muß zur Bestimmung der Gleichgewichtskurven bei unveränderlichem Druck, wie sie in Abb. 3 (Taf. I) in Reihe *III* dargestellt sind, der Verlauf der Teildrücke in Abhängigkeit von der Flüssigkeitszusammensetzung für verschiedene Temperaturen bekannt sein. Dies ist nur bei den idealen Lösungen der Fall. Bei diesen Gemischen kann die Dampfzusammensetzung X rechnerisch aus der Beziehung:

$$X = \frac{100\, x P_1}{x P_1 + (100 - x) P_2} \quad (18)$$

ermittelt werden, wenn x die Flüssigkeitszusammensetzung in Mol.-%, und P_1 und P_2 die Dampfdrucke der reinen Komponenten bei der betreffenden Temperatur sind. Aber auch zeichnerisch lassen sich Punkte der Gleichgewichtskurve in einfacher Weise bestimmen, wie es in einem Beispiel für Benzol-Toluol-Mischungen in Abb. 6 geschehen ist. Auf der rechten Seite des Schaubildes sind die Dampfdrucke von reinem Benzol und reinem Toluol in Abhängigkeit von der Temperatur und im linken Teil die Drücke der Dämpfe in Abhängigkeit vom Benzolgehalt der Flüssigkeit dargestellt. Für bestimmte Temperaturen

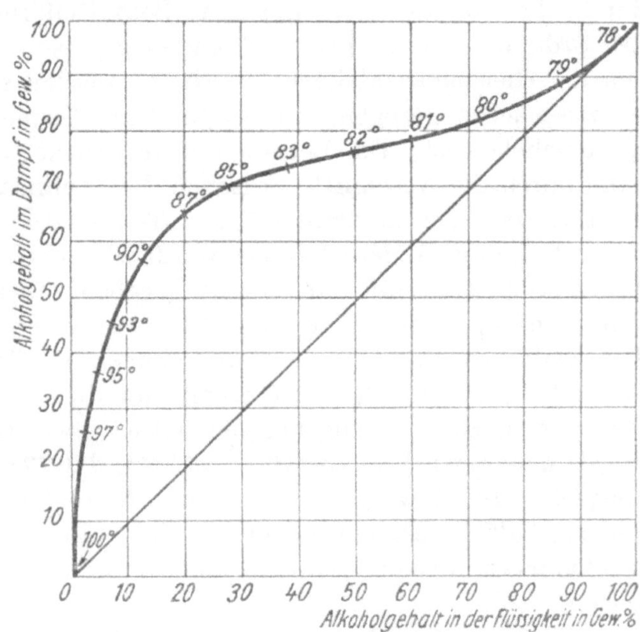

Abb. 5. Gleichgewichtskurve für Äthylalkohol-Wasser.

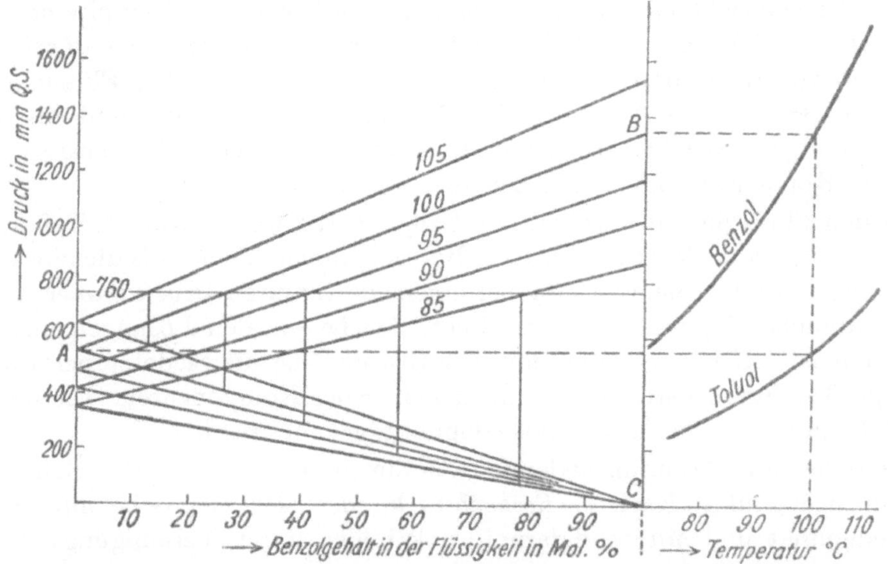

Abb. 6. Bestimmung der Gleichgewichtskurve für ein Benzol-Toluol-Gemisch.

sind die Dampfdrücke der reinen Komponenten auf die Ordinatenachsen übertragen und diese durch Gerade verbunden. Der Gesamtdruck für eine bestimmte Temperatur, zum Beispiel 100° C, ist dann für verschiedene Flüssigkeitszusammensetzungen durch die Gerade AB, der Toluoldampfteildruck durch die Gerade CA und der Benzolteildruck durch den Unterschied der Ordinaten dieser beiden Geraden gegeben. Für den Gesamtdruck, für den die Gleichgewichtskurve bestimmt werden soll, wird eine Parallele zur Abszissenachse gezogen, wie es in dem Beispiel auf Abb. 6 für 760 mm-QS geschehen ist. Die Benzoldampfteildrucke für diesen Gesamtdruck sind dann durch die Abschnitte zwischen dem Schnittpunkt der Geraden für den Gesamtdruck bei unveränderlicher Temperatur und der Geraden für den gewählten, unveränderlichen Gesamtdruck einerseits und der Geraden für den Toluoldampfteildruck andererseits gegeben. Diese Teildrücke sind für verschiedene Temperaturen in Abb. 6 bestimmt und eingetragen. Dividiert man diese Teildrücke durch den gewählten unveränderlichen Gesamtdruck — in dem Beispiel also 760 mm-QS — so erhält man die zu den betreffenden Flüssigkeitszusammensetzungen zugehörigen Gleichgewichtsdampfzusammensetzungen. Würde man einen %-Maßstab so wählen, daß der Druck 760 mm-QS in dem Beispiel = 100% wäre, so würden die Benzoldampfteildrucke gleichzeitig den Benzolgehalt im Dampf angeben. Man kann auf diese Weise die Gleichgewichtskurven idealer Gemische für verschiedene Gesamtdrücke leicht entwerfen.

Eine große Zahl durch verschiedene Forscher bestimmter Gleichgewichtskurven ist in Abb. 7 (Taf. II) dargestellt.

9. Das Temperaturschaubild für unveränderlichen Druck.

Die Gleichgewichtsbeziehungen zwischen Flüssigkeit und Dampf eines Gemisches lassen sich auch darstellen, indem man die Temperatur als Ordinate wählt. Man braucht dann jedoch zwei Kurven: eine mit den Flüssigkeitszusammensetzungen als Abszisse, die Siedekurve genannt wird, und eine mit den zugehörigen Gleichgewichtsdampfzusammensetzungen als Abszisse, die meist als Kondensationskurve bezeichnet wird.

Bei den Flüssigkeitsgemischen der Gruppen 1, 2 und 3 (Abb. 3, Taf. I) ist die Siedetemperatur in einem großen Bereich immer kleiner als die eines der reinen Bestandteile. Sie sind also bei einem bestimmten Druck immer durch einen Minimumsiedepunkt gekennzeichnet, der bei idealen Lösungen niemals vorhanden ist. Bei den Gemischen der Gruppe 5 ist die Siedetemperatur in einem großen Bereich stets größer als die einer der Komponenten. Diese sind also stets durch einen Maximumsiedepunkt gekennzeichnet.

Gemische mit Maximumsiedepunkt kommen seltener vor als solche mit Minimumsiedepunkt. Nach *v. Rechenberg* können sich Gemische mit Maximumsiedepunkt und Minimumdampfdruck bilden durch Vereinigung:

von Säuren mit Wasser, Ammoniak, organischen Basen oder mit Ketonen,
von Phenolen mit Ammoniak, organischen Basen, Alkoholen, Aldehyden, Ketonen, Estern,
von Ketonen mit Halogenkohlenwasserstoffen,

von Polyhalogenkohlenwasserstoffen mit Ketonen, Estern, Kohlenwasserstoffen,
von Aldehyden oder Ketonen mit Blausäure, schwefliger Säure, ungesättigten Kohlenwasserstoffen.

Wie sich aus den Schaubildern der Reihe *V* auf Abb. 3 (Taf. I) ergibt, ändert sich bei gleichem Druck die Zusammensetzung der Flüssigkeit immer so, daß die Siedetemperatur bei der Verdampfung steigt.

10. Der ausgezeichnete Punkt.

Wie aus den Schaubildern der Abb. 3 ersichtlich ist, läßt sich bei den Gemischen der Gruppen 1, 2, 3 und 5 durch Destillation nur ein Gemisch mit der Zusammensetzung des ausgezeichneten Punkts erreichen, während die der Gruppe 4 angehörenden Gemische vollständig in ihre Bestandteile zerlegt werden können. Für die Technik ist das Vorhandensein eines ausgezeichneten Punkts meist ein erhebliches Hindernis, da durch ihn eine mit Hilfe der Destillation nicht überwindbare Grenzzusammensetzung festgelegt ist. Die Bildung eines ausgezeichneten Gemischs wird meist auf zwei Ursachen zurückzuführen sein. Die eine dieser Ursachen kann die Unlöslichkeit der Bestandteile des Gemischs sein, die zur Folge hat, daß jede Flüssigkeit für sich, unbeeinflußt von der anderen, verdampft und die hierbei sich einstellenden Dampfdrücke nach dem *Dalton*schen Gesetz sich addieren. Zweitens kann die Bildung eines ausgezeichneten Punkts auf den Umstand zurückzuführen sein, daß die Dampfdruckkurven der beiden Bestandteile sich schneiden. An dieser Stelle ist Siedetemperatur und Dampfdruck für beide Bestandteile gleich, so daß auf der einen Seite des Schnittpunkts der Dampfdruck der einen, auf der anderen Seite der der zweiten Komponente größer ist. Bei der Destillation eines solchen Gemischs müßte demnach bis zu einer bestimmten Stelle zuerst die eine Komponente, dann die andere im Überschuß im Destillat vorhanden sein, das heißt: Flüssigkeiten mit sich schneidenden Dampfdruckkurven bilden einen ausgezeichneten Punkt. Es kann aber auch vorkommen, daß ein Gemisch einen Minimumsiedepunkt besitzt, obgleich beide Ursachen nicht vorhanden sind. Dies ist zum Beispiel bei dem Gemisch Äthylalkohol-Wasser der Fall.

11. Der Einfluß des Drucks auf die Dampfzusammensetzung.

Da es oft zweckmäßig sein kann, die Destillation mit vermindertem oder erhöhtem Druck vorzunehmen, soll hier auf den Einfluß des Gesamtdruckes eingegangen werden. Bei den gegenseitig unlöslichen Flüssigkeiten hängt die Dampfzusammensetzung, abgesehen von den Molekulargewichten, nur von den Dampfteildrucken der reinen Bestandteile ab. Infolgedessen ändert sich die Dampfzusammensetzung bei anderen Drücken entsprechend dem verschiedenen Verlauf der Dampfdruckkurven. Sie läßt sich nach den vorher gebrachten Ausführungen leicht berechnen. Bezüglich der Gemische, bei denen die eine Komponente Wasser ist, läßt sich sagen, daß mit steigendem Destillationsdruck die niedriger siedenden Verbindungen meist in ihrer Verdampfung mit Wasser zurückgehen und die höher siedenden zunehmen. Als Beispiel sei die Verdampfung eines Benzol-Wasser-Gemisches bei verschiedenen Drücken in der nachfolgenden Tabelle angegeben.

Temperatur Grad C	Wassergehalt im Dampf Gew.-%	Benzolgehalt im Dampf Gew.-%	Gesamtdruck mm-QS
69	8,8	91,2	760
100	11,5	88,5	2095
160	16	84,0	9935
220	19,5	80,5	31900

Sind die beiden Bestandteile einer Mischung gegenseitig teilweise ineinander löslich, so muß sich der Einfluß der Löslichkeit auch in der Dampfzusammensetzung bemerkbar machen. Bei wasserhaltigen Gemischen nimmt der Wassergehalt im Dampf meist gegenüber der Zusammensetzung, die man unter der Voraussetzung von Unlöslichkeit errechnet hat, zu. Bei einer Änderung des Drucks wird dann die Dampfzusammensetzung sich in gleicher Richtung ändern wie die mit der Annahme, daß die Flüssigkeiten unlöslich wären, bestimmte Zusammensetzung.

Über die Abhängigkeit der Dampfzusammensetzung von Druckänderungen bei Gemischen mit Minimumsiedepunkt hat *Wrewsky* folgende Regel aufgestellt, die aber nicht immer zutreffend ist: Bei Erhöhung der Temperatur von Lösungen, deren Dampfspannungskurve ein Maximum besitzt, wächst im unveränderlich siedenden Gemisch der relative Gehalt derjenigen Komponente, deren Verdampfung mit dem größeren Energieverbrauch verbunden ist (Zeitschrift für physik. Chemie 1913, Seite 1 und 551). Bei Erhöhung der Temperatur von Lösungen, deren Dampfspannungskurve ein Minimum besitzt, wächst im unveränderlich siedenden Gemisch der relative Gehalt derjenigen Komponente, deren Verdampfung mit dem kleineren Energieverbrauch verbunden ist. Hierzu ist noch zu bemerken, daß sich auch alle anderen Dampfzusammensetzungen bei Druckänderungen in der gleichen Richtung wie das ausgezeichnete Gemisch in der Regel verschieben werden.

Eine Regel, deren Gültigkeit allgemeiner ist, hat *v. Rechenberg* (Einfache und fraktionierte Destillation in Theorie und Praxis, 1923) aufgestellt. Bei homogenen Gemischen mit Minimumsiedepunkt verschieben sich die Dampfzusammensetzungen bei Druckänderung in derselben Richtung wie die Quotienten aus den Dampfdrücken der reinen Komponenten.

Als Beispiel soll hier nur das Verhalten eines Äthylalkohol-Wasser-Gemisches angeführt werden. Bei 760 mm-QS liegt der ausgezeichnete Punkt dieses Gemisches etwa bei 95 Gew.-% Alkohol und einer Siedetemperatur von 78,15° C, das heißt, bei dieser Temperatur hat der Dampf unter Atmosphärendruck die gleiche Zusammensetzung wie die Flüssigkeit, aus der er entstand. Bei geringeren Temperaturen verläuft die Gleichgewichtskurve oberhalb der bei 760 mm-QS, so daß bei geringerem Druck der Alkoholgehalt im Dampf größer ist. Dies hat zur Folge, daß der ausgezeichnete Punkt sich bei verringertem Druck in den Bereich höherer Alkoholgehalte verschiebt. So liegt er bei 130 mm-QS und einer Temperatur von etwa 40° C bei 98,7 Gew.-% Alkohol und verschwindet bei 70 mm Druck und 28° C vollständig. Bei höheren Temperaturen verläuft die Gleichgewichtskurve für Alkohol-Wasser-Gemische unterhalb der bei 760 mm-QS gültigen Kurve, bei vergrößertem Druck wird also der Alkoholgehalt im Destillat geringer. In entsprechender Weise nimmt auch der Alkoholgehalt des ausgezeichneten Punktes ab; bei 2 atm. liegt er etwa bei 94 Gew.-% Alkohol. Man kann daher bei 760 mm-QS Druck im günstigsten Fall nur ein Destillat mit etwas unter 95 Gew.-% Alkohol erhalten. Bei geringerem Druck kann man dieses Gemisch durch Destillation weiter trennen, wobei der Alkohol in das Destillat geht. Auch bei höherem Druck könnte man das Gemisch trennen, wobei jedoch dann das Wasser in das Destillat geht und der Alkohol zurückbleibt.

Auch die Veränderung der Löslichkeit mit der Temperatur muß sich in den Kurven, wie sie in Abb. 3 (Taf. I) für verschiedene Gemische zusammengestellt sind, bemerkbar machen. Da die Löslichkeit mit abnehmender Temperatur geringer wird, werden die Kurven für die Gemische der Gruppe 2 oder der Gruppe 3 in der gewählten Einteilung in ihrer Gestalt bei vermindertem Druck den Kurven der Gruppe 1 ähnlicher werden. Es werden daher zum Beispiel die Kurven für den Gesamtdruck bei unveränderlicher Temperatur für ein Gemisch der Gruppe 3 und ebenso die Siedekurven für ein derartiges Gemisch bei verringertem Druck in der Regel flacher werden. Ebenso werden im allgemeinen die Kurven für ein Gemisch der Gruppe 2 bei erhöhtem Druck den entsprechenden Kurven der Gruppe 3 ähnlicher werden. Es werden daher zum Beispiel bei höherem Druck die Kurven für den Gesamtdruck bei unveränderlicher Temperatur und die Siedekurven für Gemische der Gruppe 2 abgerundeter aussehen als bei geringerem Druck.

12. Die ternären Gemische mit einer unlöslichen Komponente.

Auch für die ternären Gemische kann die für die binären Gemische aufgestellte Einteilung beibehalten werden. Entsprechend der gegenseitigen Löslichkeit der Komponenten sind die Eigenschaften der ternären Gemische im wesentlichen denen der zur gleichen Gruppe gehörigen binären Gemische ähnlich.

Oft tritt der Fall ein, daß der dritte Stoff nur als Verunreinigung, also in sehr kleiner Menge, in den beiden anderen vorhanden ist. Dann wird man meist den Einfluß dieser geringen Menge ganz vernachlässigen können und so verfahren, als ob man nur eine binäre Mischung hätte. Nur wenn die als Verunreinigung vorhandene Komponente in den beiden anderen unlöslich ist und einen geringeren Siedepunkt hat als diese, muß sie berücksichtigt werden.

Sind alle drei Komponenten gegenseitig unlöslich, was wohl selten vorkommt, so läßt sich die Dampfzusammensetzung in ähnlicher Weise wie bei den binären Mischungen ermitteln. Die zu einem bestimmten Gesamtdruck gehörigen Teildrucke werden dann zweckmäßig so bestimmt, daß man alle drei Dampfdrucklinien über derselben Abszisse aufträgt und die Summenkurve dieser drei Teildrucke bildet, womit sich die zu dem vorhandenen Gesamtdruck gehörige Siedetemperatur ergibt.

Ein anderer Fall, der sich mit den Eigenschaften der binären Gemische erklären läßt, ist der, daß zwei der drei Komponenten gegenseitig löslich und mit der dritten vollständig unlöslich sind. Nimmt man zum Beispiel an, daß diese dritte Komponente Wasser ist, so hat das Wasser, vorausgesetzt, daß es in keiner Weise eine Veränderung der beiden anderen Komponenten bewirkt, lediglich den Einfluß, daß es den Druck des aus den beiden anderen Komponenten bestehenden homogenen Gemischs herabsetzt. Wir können in diesem Fall das ternäre System als ein Gemenge zweier Bestandteile auffassen, von denen der eine aus dem Wasser, der andere aus dem Gemisch der beiden gegenseitig löslichen Flüssigkeiten besteht. Gehört dieses Gemisch zu den

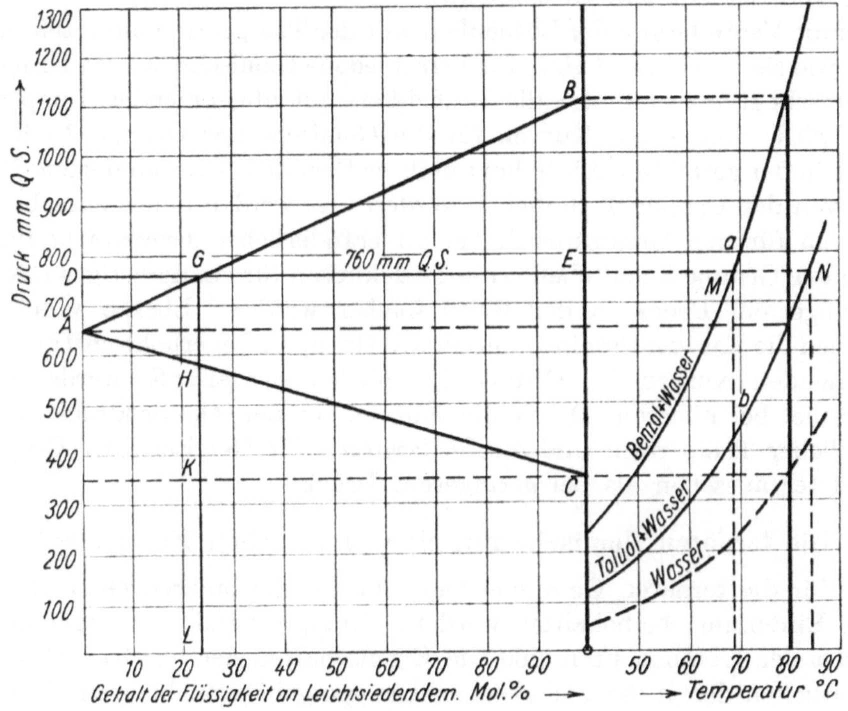

Abb. 8. Bestimmung der Dampfzusammensetzung eines Benzol-Toluol-Wasser-Gemisches.

idealen Lösungen, so kann man die Teildrucke in ähnlicher Weise wie bei den idealen Gemischen ohne Anwesenheit von Wasser bestimmen.

Als Beispiel ist dies für ein Benzol-Toluol-Wasser-Gemisch in Abb. 8 durchgeführt. Auf der Abszissenachse des Schaubildes ist der Benzolgehalt der Flüssigkeit in Mol.-% aufgetragen. Rechts davon ist in Abhängigkeit von der Temperatur die Dampfdruckkurve des Wassers gestrichelt eingetragen. Zu dieser Kurve ist einmal die Dampfdruckkurve des Benzols (Kurve *a*) und dann die des Toluols hinzuaddiert (Kurve *b*). Die Kurve *a* gibt also die Drücke eines Benzol-Wasser-Gemischs und die Kurve *b* die eines Toluol-Wasser-Gemischs in Abhängigkeit von der Temperatur an. Für eine bestimmte Temperatur, zum Beispiel 80° C, werden diese Drücke auf die Ordinatenachsen übertragen und die dadurch erhaltenen Punkte *A* und *B* verbunden. Zieht man dann eine

Parallele zur Abszissenachse in Höhe des gegebenen Gesamtdrucks *DE*, so ergibt das Stück *GH* zwischen den Geraden *AB* und *AC* den Benzolteildruck, das Stück *HK* den Toluoldampfteildruck und das Stück *KL* den Wasserdampfteildruck für die gewählte Temperatur und für den durch Punkt *L* bestimmten Benzolgehalt des in der Flüssigkeit vorhandenen Benzol-Toluol-Gemischs. Das Verhältnis *GH*/*GL* gibt dann den Benzolgehalt im Dampf in Mol.-%, das Verhältnis *HK*/*GL* den Toluolgehalt im Dampf und das Verhältnis *KL*/*GL* den Wassergehalt im Dampf in Mol.-% an. Ohne Wasserzusatz verläuft die Trennung eines Benzol-Toluol-Gemisches bei 760 mm-QS Gesamtdruck zwischen den Siedetemperaturen des Benzols = 80,5° C und der Siedetemperatur des Toluols = 110,6° C. Mit Wasser verläuft die Destillation nach Abb. 8 zwischen den durch die Schnittpunkte *M* und *N* der Geraden für 760 mm-QS *DE* und den Kurven *a* und *b* gegebenen Temperaturen, die etwa 69 und 84° C betragen. Der gesamte Temperaturunterschied ist also für den Verlauf einer Destillation bei 760 mm-QS mit Wasserzusatz etwa nur halb so groß wie ohne diesen.

Schwieriger wird die Ermittlung der Dampfzusammensetzung eines ternären Gemischs, wenn alle drei Bestandteile gegenseitig löslich sind.

13. Die ternären idealen Gemische.

Zur Darstellung der Eigenschaften ternärer Gemische wird zweckmäßig ein Dreieckskoordinatensystem verwendet. Man trägt auf den Seiten eines gleichseitigen Dreiecks die Zusammensetzungen der drei Flüssigkeitsgemische in Mol.-% auf. Jedem Punkt im Dreieck entspricht dann eine bestimmte Zusammensetzung, und zwar geben die senkrechten Abstände dieses Punktes von den Seiten den Gehalt an den drei Bestandteilen in der gewählten Einheit an, weil die drei Senkrechten von einem beliebigen Punkt eines gleichseitigen Dreiecks auf die Dreieckseiten zusammen immer gleich der Höhe des Dreiecks sind.

Die Bestimmung der Dampfzusammensetzung für einen gegebenen Druck wird verhältnismäßig einfach, wenn alle drei Komponenten gegenseitig ideale Lösungen bilden. Es soll daher hier als Beispiel ein Benzol-Toluol-m-Xylol-Gemisch, das infolge der nahen chemischen Verwandtschaft als ideal angesehen werden kann, gewählt werden.

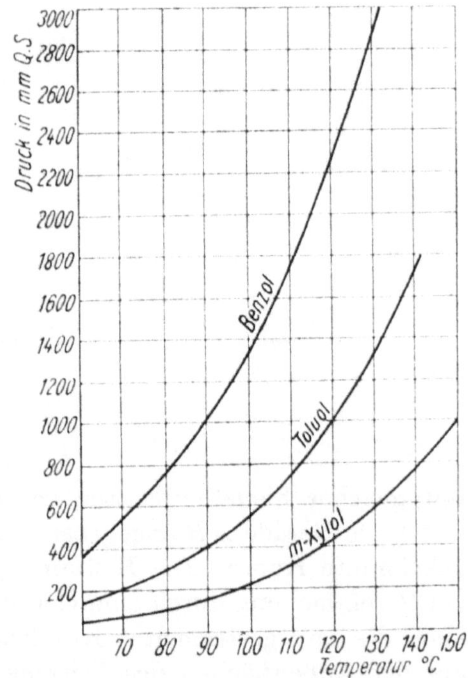

Abb. 9. Dampfdruckkurven von Benzol, Toluol und m-Xylol.

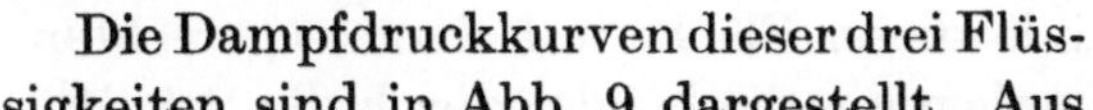
Die Dampfdruckkurven dieser drei Flüssigkeiten sind in Abb. 9 dargestellt. Aus diesen Kurven können in der oben angegebenen Weise für den unveränderlichen Druck von 760 mm-QS die

Dampfzusammensetzungen der drei binären Gemische Benzol-Toluol, Benzol-m-Xylol und Toluol-m-Xylol bestimmt werden. Diese Kurven sind in Abb. 10 mit der Siedetemperatur als Ordinate auf den Flächen eines gleichseitigen Prismas aufgetragen. Die gestrichelten Kurven sind die Kondensationskurven, die ausgezogenen die Siedekurven. Alle Kurven berühren sich auf den Kanten des Prismas in den Temperaturen der reinen Bestandteile. Auf den Außenflächen des Prismas lassen sich die zu einer beliebigen Flüssigkeitszusammensetzung gehörigen Dampfzusammensetzungen der drei binären Gemische und die zugehörigen Siedetemperaturen bestimmen. Sind nun alle drei Komponenten in der Flüssigkeit in beliebiger Zusammensetzung vorhanden, so ergibt sich die Zusammensetzung des aus dieser Flüssigkeit entstehenden Dampfes in folgender Weise. Die Siedekurven der drei binären Gemische auf den ebenen Außenflächen des Prismas begrenzen eine in diesem verlaufende gekrümmte Fläche, die die Siedetemperatur für jede Zusammensetzung des ternären Gemischs angibt. Die Schnittkurve dieser Fläche mit einer wagerechten Ebene muß alle Zusammensetzungen mit gleicher Siedetemperatur verbinden und ist in Abb. 10 für $t = 105°$ C durch die Gerade AB angegeben. Die Gerade AB ist eigentlich eine schwach gekrümmte Kurve. Die Krümmung ist jedoch sehr gering, so daß die Kurve zur Vereinfachung durch eine Gerade ersetzt werden kann. Ebenso begrenzen auch die drei gestrichelten Kondensationskurven der drei binären Gemische auf den Außenflächen des Prismas eine in dem Prisma liegende gekrümmte Fläche, die jede Dampfzusammensetzung bei einem gegebenen unveränderlichen Druck angibt. Die Schnittlinie dieser Fläche mit einer wagerechten Ebene gibt alle Dampfzusammensetzungen an, die bei der durch die Schnittebene festgelegten Temperatur möglich sind. Diese Schnittkurve ist durch

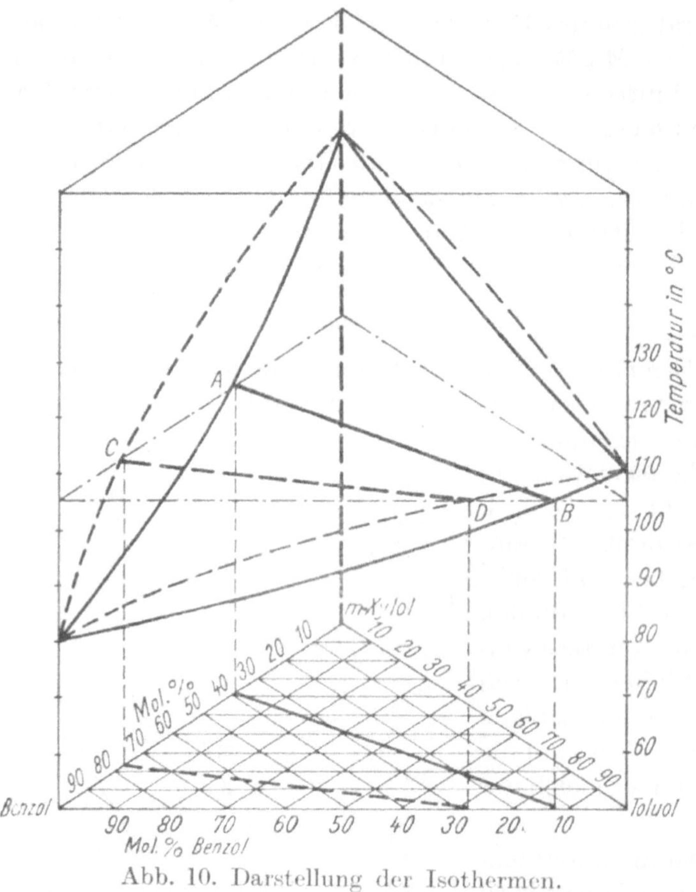

Abb. 10. Darstellung der Isothermen.

die Gerade CD in Abb. 10 gekennzeichnet. Diese Schnittgeraden, die im folgenden als Flüssigkeits- und Dampfisothermen bezeichnet werden sollen, sind für alle Temperaturen in Abständen von 5° C auf Abb. 11 nach unten auf das gleichseitige Koordinatendreieck projiziert. Die lotrechten Außenflächen des Prismas sind um die Dreiecksseiten als Drehachsen in die Ebene

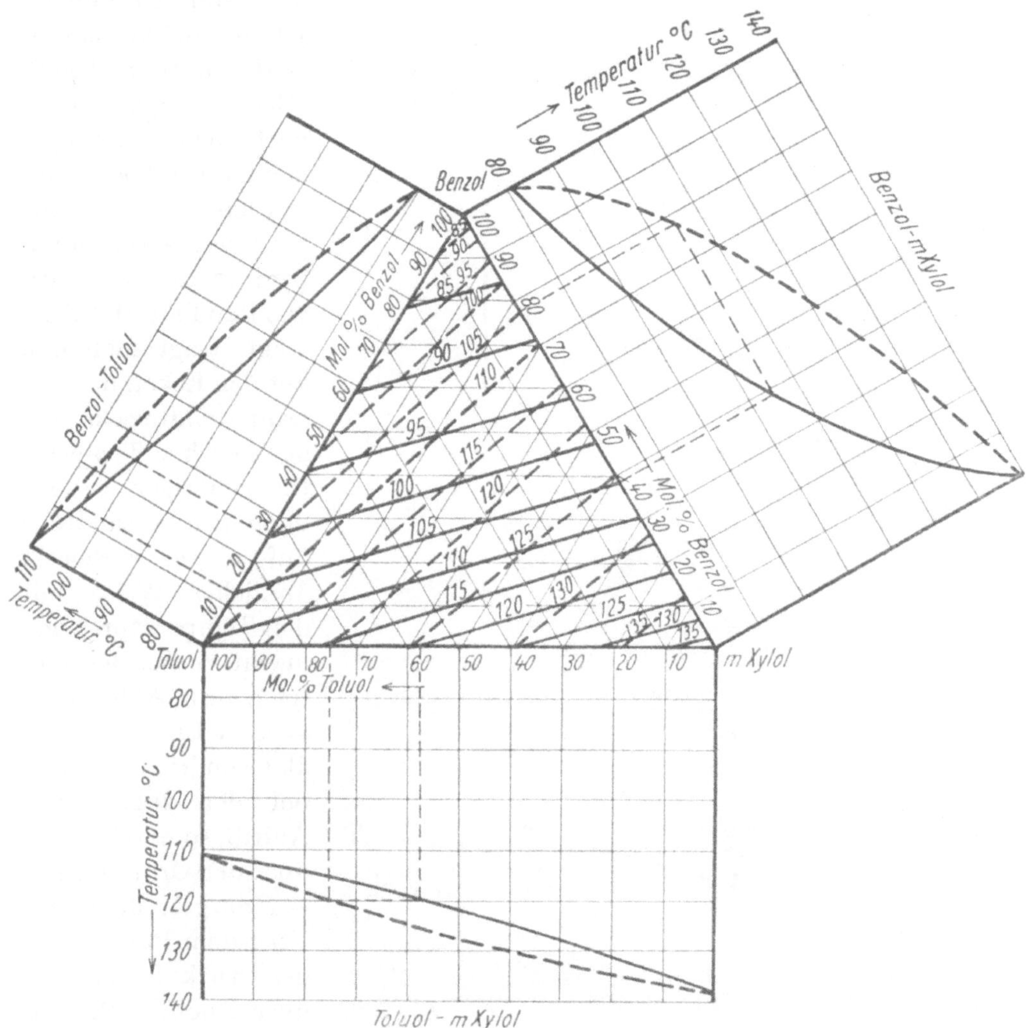

Abb. 11. Bestimmung der Isothermen eines Benzol-Toluol-m-Xylol-Gemisches.

des gleichseitigen Dreiecks geklappt. Für die Temperatur von 105° C ist die Konstruktion der Isothermen mit gestrichelten Kurven durchgeführt. Soll die zu einer beliebigen Flüssigkeitszusammensetzung zugehörige Dampfzusammensetzung bestimmt werden, so ermittelt man zunächst die zugehörige Siedetemperatur durch Bestimmung der durch den betreffenden Punkt gehenden Flüssigkeitsisothermen. Die der gleichen Temperatur entsprechende Dampfisotherme ergibt dann den ersten geometrischen Ort für die sich einstellende Dampfzusammensetzung.

Wie auch der zweite geometrische Ort für die Dampfzusammensetzung erhalten werden kann, soll mit einem Beispiel in Abb. 12 gezeigt werden, wo die zu der durch Punkt A gegebenen Flüssigkeitszusammensetzung zugehörige Gleichgewichtsdampfzusammensetzung bestimmt werden soll. Der Punkt A liegt auf der Flüssigkeitsisotherme für $t = 105°$ C, also muß auch die Dampfzusammensetzung auf der Dampfisotherme für $t = 105°$ C (Gerade CD) liegen, die nach dem Vorhergehenden leicht bestimmt werden kann. Für die vorhandene Siedetemperatur, die in dem gewählten Fall 105° C beträgt, trägt man nun auf den Ecken des Koordinatendreiecks die zur gleichen Temperatur gehörigen Drücke der reinen Bestandteile auf, wie es vorher in ähnlicher Weise mit den Temperaturen gemacht wurde. Betrachtet man in Abb. 12 das gleichseitige Dreieck als Grundriß und zeichnet den zugehörigen Aufriß, so entsteht die über der Grundlinie T—X dargestellte Figur. Über dem Punkt T ist der Druck des Toluols, über B der des Benzols und über X der des Xylols bei 105° C aufgetragen. Im Abstand von 760 mm-QS ist die Parallele zur Abszissenachse MN gezogen. Für die gewählte Temperatur ergibt dann die Strecke EF den Teildruck des Benzols für die dem Punkt K entsprechende Zusammensetzung eines Benzol-Toluol-Gemischs und die Strecke GH den Teildruck des Benzols für die dem Punkt L entsprechende Flüssigkeitszusammensetzung eines Benzol-Xylol-Gemischs. Da es sich um eine ideale Lösung handelt, müssen die zwischen den Punkten K und L liegenden Benzoldampfteildrucke durch eine Gerade zwischen den

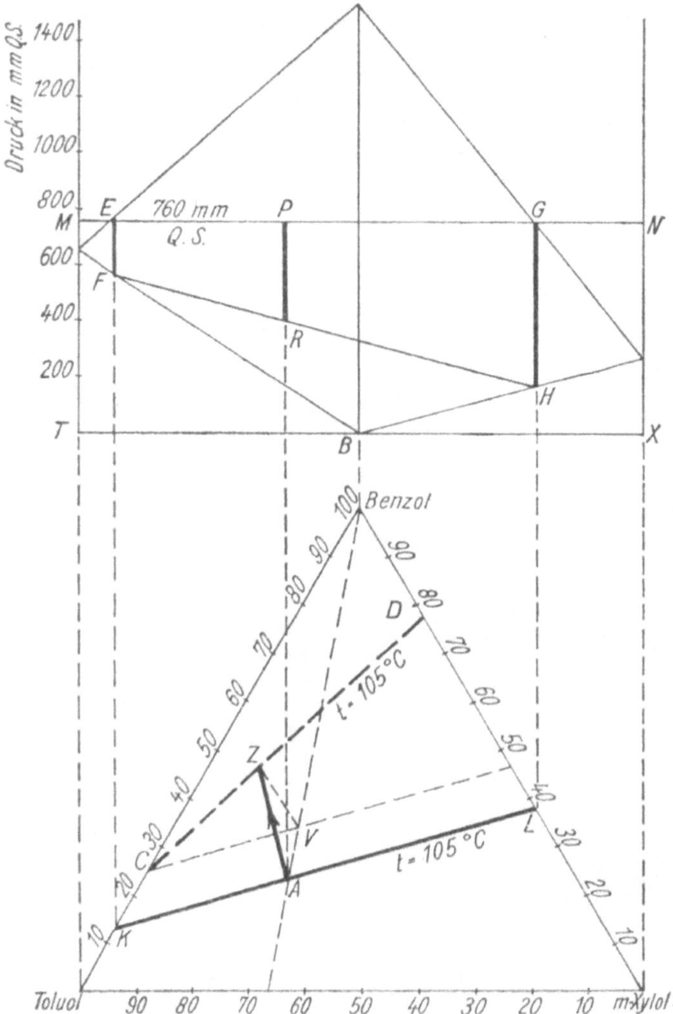

Abb. 12. Bestimmung der Dampfzusammensetzung eines ternären Gemisches.

Punkten F und H gegeben sein. Der Benzoldampfteildruck, der zu der dem Punkt A entsprechenden Flüssigkeitszusammensetzung gehört, wird daher durch die Strecke PR erhalten. Der durch den Druck EF gegebene Benzolgehalt im Dampf wird durch Punkt C und der durch den Druck GH gegebene durch den Punkt D dargestellt. Man erhält demnach die Gleichgewichtsdampfzusammensetzung, die zu der durch Punkt A gegebenen Flüssigkeitszusammensetzung gehört, indem man die Dampfisotherme CD im Verhältnis KA/KL teilt, durch den Punkt Z. Man kann dies auch zeichnerisch ausführen, indem man durch C eine Parallele zu KL legt, die Benzolecke des Dreiecks mit Punkt A verbindet und durch den dabei erhaltenen Punkt V eine Parallele zu LD zieht. Die Gerade AZ gibt die Richtung an, in der die

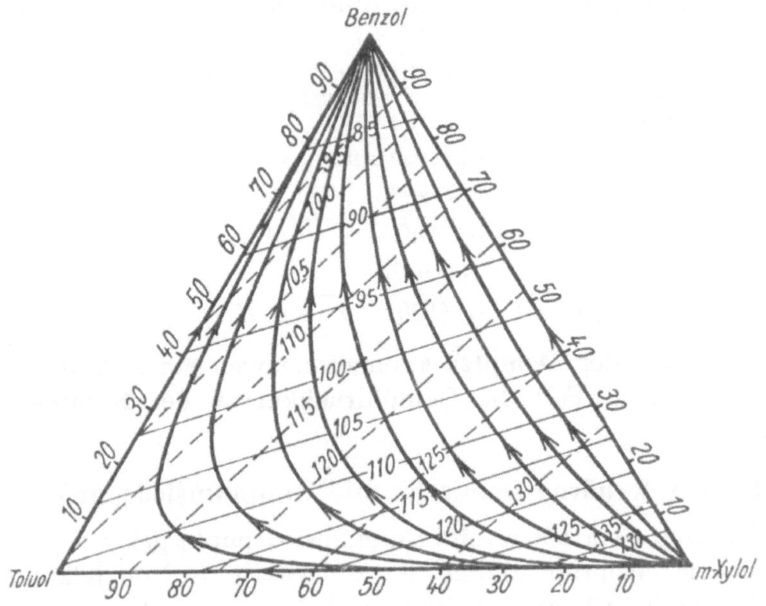

Abb. 13. Verlauf der Zusammensetzungsänderung bei der Verdampfung eines Benzol-Toluol-m-Xylol-Gemisches.

Destillation eines Flüssigkeitsgemischs mit der Zusammensetzung des Punktes A verläuft. Entwirft man sich für viele Punkte die zugehörigen Richtungen, in der die Zusammensetzung bei der Verdampfung sich ändert, so erhält man in dem gleichseitigen Dreieck ein Richtungsfeld, das durch eine Anzahl Richtungslinien gekennzeichnet werden kann, wie es in Abb. 13 für das als Beispiel gewählte Benzol-Toluol-Xylol-Gemisch geschehen ist. Man sieht, daß der Toluolgehalt im Dampf sich am wenigsten ändert. Bei geringem Toluolgehalt in der Flüssigkeit bleibt dieser auch im Dampf nahezu der gleiche. Am stärksten ist immer die Zunahme des Benzolgehalts im Dampf. Nur bei sehr geringem Benzolgehalt in der Flüssigkeit wächst bei der Destillation zunächst der Toluolgehalt sehr stark.

Bei den idealen ternären Gemischen läßt sich auch die Dampfzusammensetzung berechnen. Es sei wieder x der Gehalt der Flüssigkeit an der ersten

Komponente, X der im Dampf, y der Gehalt der Flüssigkeit an der zweiten Komponente und Y der des Dampfs und z, Z die Zusammensetzungen der dritten Komponente. Die Drücke der reinen Bestandteile bei einer bestimmten Temperatur t seien P_1, P_2, P_3. Die Teildrücke der drei Komponenten sind dann:

$$\left.\begin{aligned} p_1 &= \frac{x P_1}{100} \\ p_2 &= \frac{y P_2}{100} \\ p_3 &= \frac{(100 - x - y) P_3}{100}. \end{aligned}\right\} \tag{19}$$

Der wirklich vorhandene meßbare Gesamtdruck P muß die Summe der drei Teildrucke sein:

$$P = p_1 + p_2 + p_3 = \frac{x P_1 + y P_2 + (100 - x - y) P_3}{100}$$

Hieraus ergibt sich die Dampfzusammensetzung:

$$\left.\begin{aligned} X &= \frac{100 x P_1}{x P_1 + y P_2 + (100 - x - y) P_3} = \frac{100 x P_1}{P}, \\ Y &= \frac{100 y P_2}{x P_1 + y P_2 + (100 - x - y) P_3} = \frac{100 y P_2}{P}. \end{aligned}\right\} \tag{20}$$

Zur Bestimmung der Dampfzusammensetzungen eines idealen Gemischs müssen also in jedem Fall die Dampfdruckkurven der Komponenten bekannt sein.

14. Die ternären Gemische mit Minimumsiedepunkt.

Zu den ternären Gemischen mit Minimumsiedepunkt gehören zum Beispiel folgende Systeme: Isopropylalkohol-Benzol-Wasser, n-Propylalkohol-Benzol-Wasser, Äthylalkohol-Chloroform-Wasser, Äthylalkohol-Benzol-Wasser. Ein Minimumsiedepunkt wird insbesondere dann vorhanden sein, wenn mindestens zwei der drei Komponentenpaare ein Gemenge oder ein binäres Gemisch mit Minimumsiedepunkt bilden. Der Minimumsiedepunkt ist meist erheblich tiefer als der einer der Komponenten. Bei dem Äthylalkohol-Benzol-Wasser-Gemisch beträgt der Minimumsiedepunkt 64,85° C, während die Siedetemperaturen der Komponenten bei 760 mm-QS 78,3, 80,5 und 100° C betragen. Dieses System hat in der Technik zur Herstellung von wasserfreiem Alkohol einige Bedeutung erlangt. Wasser und Benzol sind nahezu unlöslich und sieden bei 760 mm-QS bei 69° C. Der Dampf enthält etwa 91 Gew.-% = 70 Mol.-% Benzol. Äthylalkohol und Wasser bilden ein Gemisch mit Minimumsiedepunkt bei 78,18° C und etwa 95 Gew.-% Alkoholgehalt. Das Gemisch Benzol-Äthylalkohol hat einen Minimumsiedepunkt bei 68,25° C und 68,5 Mol.-% Benzol. Das ternäre Gemisch Äthylalkohol-Wasser-Benzol besitzt einen Minimumsiedepunkt, der bei 64,85° C liegt. Bei Atmosphärendruck beträgt die Zusammensetzung im Minimumsiedepunkt 7,5% Wasser, 18,5%

Alkohol und 74% Benzol. Fügt man also zu Spiritus, den man in der Technik infolge des Minimumsiedepunkts bis zu etwa 94—94,5 Gew.-% erhält, Benzol zu, so geht das Destillat mit einer Zusammensetzung über, die der des Minimumsiedepunkts des ternären Gemischs entspricht. Diese Tatsache gibt die Möglichkeit, durch Benzolzusatz Spiritus zu entwässern, was *Sydney Young* zuerst erkannt hat. Bei der Besprechung der Verfahren zur Erzeugung von wasserfreiem Alkohol soll darauf noch näher eingegangen werden. Auch bei den Dreistoffgemischen mit Minimumsiedepunkt kann man sich in ähnlicher Weise wie bei den idealen Gemischen mit mehr oder weniger großer Annäherung durch Zeichnen der Isothermen, die hier allerdings meist gekrümmt verlaufen, ein Bild von dem Destillationsverlauf machen.

Ternäre Gemische mit Maximumsiedepunkt von technischer Bedeutung sind nicht bekannt.

II. Die absatzweise arbeitenden Apparate.

1. Die einfachen Blasenapparate.

Wird eine nicht zu weitgehende Trennung der Komponenten eines Gemischs verlangt, oder liegen die Siedepunkte der Komponenten des Gemischs sehr weit auseinander, so daß der Gehalt an Leichtsiedendem im Dampf sehr hoch ist, oder kommt es weniger auf eine Zerlegung des Gemischs als auf eine Trennung von beigemischten Stoffen, zum Beispiel Salzen, Farbstoffen, Staub usw. an, so genügt eine einmalige Verdampfung in einem einfachen Blasenapparat. In seiner einfachsten Ausführung besteht ein derartiger Apparat aus der Blase, die dampf- oder feuerbeheizt sein kann, dem Kühler oder Kondensator, der zur Verflüssigung der Dämpfe dient, und der Vorlage, in der das Destillat gesammelt wird. Soll mit Unterdruck gearbeitet werden, so wird an die Vorlage noch eine Luftpumpe angeschlossen.

Wenn das Destillat frei von Verunreinigungen sein soll, die durch den aufsteigenden Dampf mitgerissen werden können, so darf die auf die Flüssigkeitsoberfläche bezogene Dampfgeschwindigkeit einen bestimmten Höchstwert nicht überschreiten. Je nach dem Grad dieser Verunreinigungen der Blasenfüllung und der Reinheit, die im Destillat verlangt wird, liegt diese Geschwindigkeit zwischen 5 und 50 mm/Sek. In zylindrischen Blasen können viel größere Dampfgeschwindigkeiten, die etwa das Fünf- bis Zehnfache betragen, bei gleicher Reinheit des Destillats zugelassen werden, weil bei diesen der aus der Flüssigkeitsoberfläche austretende Dampf auf einer größeren Weglänge mit der durch den Querschnitt des Zylinders bedingten Geringstgeschwindigkeit geführt wird, als in einer anders gestalteten Blase.

Die Menge der Flüssigkeit, die, ohne verdampft worden zu sein, in das Destillat gelangt, ist außerdem noch abhängig von der Zähigkeit der Flüssigkeit, der Dampfdichte und den besonderen Einrichtungen, die eine Abscheidung von mitgerissenen Flüssigkeitsteilchen begünstigen, wie Dampfdome, Luftdephlegmatoren usw. Die Dampfgeschwindigkeit hängt bei gegebener Flüssigkeitsoberfläche in bekannter Weise von der Größe der vorhandenen Heizfläche, dem Temperaturunterschied zwischen Heizdampf und Blaseninhalt und den Eigenschaften der Heizfläche bezüglich des Wärmedurchganges ab.

Um die Destillationstemperatur zu vermindern, wird oft die Destillation mit Wasserdampf angewendet. Ist der Wasserdampf gesättigt, so ist das Verfahren nur möglich, wenn der zu destillierende Stoff mit Wasser nahezu unlöslich ist, was zum Beispiel für die meisten ätherischen Öle zutrifft. Die Wasserdampfzugabe kann so erfolgen, daß das Wasser zugleich mit dem Destilliergut in die von außen oder mit besonderen Heizkörpern beheizte Blase gefüllt wird und das während des Abtriebs verdampfte Wasser von Zeit zu Zeit ersetzt wird. Das in der Vorlage infolge der Unlöslichkeit abgeschiedene Wasser wird entweder in die Blase zurückgeleitet oder in einem anderen Destillationsapparat von etwa gelösten flüchtigen Stoffen getrennt, falls diese nicht mehr in die Blase zurückgelangen sollen und die Gewinnung dieser Stoffe lohnt.

Der Wasserdampf kann auch unmittelbar durch gelochte Schlangen oder andere Vorrichtungen in das Destillationsgut geblasen werden. Da der Wasserdampf dabei nur als Begleiter des Destillatdampfes dient, muß die Blase noch mit mittelbarer Heizung versehen sein, die ausreicht, um das Destillationsgut zu verdampfen. Durch das Einblasen des unter Überdruck stehenden Dampfes kann leicht ein Hochreißen der Flüssigkeit erfolgen. Der Dampfdruck muß daher, bevor der Dampf in die Blasenfüllung tritt, möglichst auf einen Geringstwert vermindert werden.

Da bei Atmosphärendruck der Wasserdampf allein eine Temperatur von 100° C besitzt, müßte diese Temperatur bei der Destillation mit eingeblasenem Wasserdampf eigentlich gar nicht überschritten werden können. Praktisch kommt dies doch vor, und zwar dann, wenn der Siedepunkt der zu destillierenden Flüssigkeit sehr hoch liegt, weil dann der gesättigt in die Blasenfüllung eintretende Wasserdampf durch die zu destillierende Flüssigkeit überhitzt wird. Bisweilen wird der eingeblasene Wasserdampf auch außerhalb der Blase überhitzt. Man erhält dadurch eine geringere Wassermenge im Destillat, weil das Wasserdampfvolumen/Gewichtseinheit durch die Überhitzung größer geworden ist.

Die Anwendung der Überhitzung gibt die Möglichkeit, auch Flüssigkeiten, die ganz oder teilweise in Wasser löslich sind, mit Wasserdampf zu destillieren. Kühlt man nämlich ein solches Dampfgemisch allmählich ab, so sinkt seine Temperatur, ohne daß Wasserdampf niedergeschlagen wird, weil dieser überhitzt ist und erst dann niedergeschlagen werden kann, wenn die Überhitzungswärme abgeführt und die Sättigungstemperatur erreicht ist. Der Dampf des höher siedenden Destillationsguts erreicht bei dieser Abkühlung die Sättigungstemperatur, die seinem Teildruck entspricht, und verflüssigt sich. Dieser erste Abschnitt des Kondensationsvorganges wird in einem besonderen Kühler ausgeführt, der oft als Luftkühler ausgebildet wird, um eine zu starke Kühlung der Dämpfe zu vermeiden. In diesem Kühler sammelt sich also der größte Teil des Destillats nahezu wasserfrei und kann von dort über besondere Kühlvorrichtungen abgezogen werden. Der Wasserdampf mit dem Rest des Destillats geht in einen zweiten Kühler, bei dem als Kühlmittel zweckmäßig nicht Luft, sondern Wasser verwendet wird. Derartige Apparate werden zum Beispiel für die Fettsäure- und Glycerindestillation gebraucht. Die Destillationstemperatur wird oft durch Anwendung von Luftleere, die durch eine an den Kondensatauslauf am zweiten Kühler angeschlossene Luftpumpe aufrechterhalten wird, noch weiter gesenkt.

Um noch eine geringe Verstärkung der Dämpfe zu erhalten, wird auf die Blase oft eine kugelförmige Kühlfläche gesetzt, an der ein Teil der Dämpfe sich durch Wärmeabgabe nach außen niederschlägt. Ein derartiger Luftdephlegmator wird zum Beispiel in der Rum-, Kognak- und Arrakindustrie viel verwendet und gibt etwa eine Anreicherung von 10%. Wirksamer sind die in der Spiritusindustrie an den einfachsten Destillierapparaten oft gebrauchten Dephlegmationsbecken, weil bei diesen zwischen Flüssigkeit und Dampf Gegenstrom vorhanden ist. Sie bestehen aus mehreren übereinander angeordneten, linsenförmigen Gefäßen, deren obere Fläche durch Wasser gekühlt wird (Abb. 14). Um dem Destillat bestimmte Geruchs- oder Geschmackseigenschaften zu geben, wird oft ein Siebkorb für Kräuter usw. über der Blase angeordnet, durch die der Dampf strömen muß.

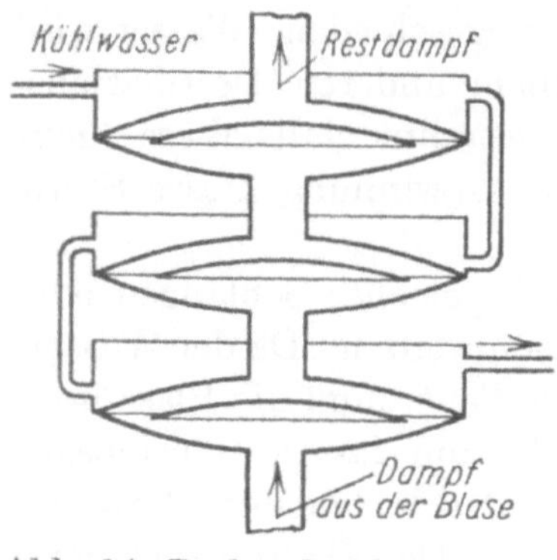

Abb. 14. Beckendephlegmator.

2. Die Zusammensetzung der Blasenfüllung eines einfachen Apparats.

Die Zusammensetzung der Blasenfüllung eines einfachen Apparats ändert sich im Verlauf eines Abtriebs. Es sei angenommen, daß der Apparat keine Einrichtung zur Verstärkung der Dämpfe besitze. Dann ist die Änderung der Zusammensetzung der Blasenfüllung und der des aus der Blase aufsteigenden Dampfs nur vom Verlauf der Gleichgewichtskurve abhängig. Das Gewicht der jeweiligen Blasenfüllung werde mit B bezeichnet. Verdampft die Menge $d\,B$, so ergibt sich ein Dampf mit dem Gehalt an Leichtsiedendem X, der dem Gleichgewicht mit der Flüssigkeitszusammensetzung x entspricht. Dabei sinkt die Zusammensetzung der Blasenfüllung auf den Wert $(x - dx)$. Setzt man die Mengen an Leichtsiedendem vor und nach der Verdampfung gleich, so erhält man:

$$x B = (x - d x)(B - d B) + X d B,$$

$$\frac{d B}{B} = \frac{d x}{X - x}. \tag{21}$$

Integriert man zwischen den Grenzen x_1 und x_2, die den Blasenfüllungen B_1 und B_2 entsprechen mögen, so ergibt sich:

$$\ln \frac{B_1}{B_2} = \int_{x_2}^{x_1} \frac{d x}{X - x}. \tag{22}$$

Da die Beziehung zwischen X und x nur durch die Gleichgewichtskurve, nicht durch analytische Gesetze gegeben ist, läßt sich obige Gleichung nur zeichnerisch lösen.

In Abb. 15 ist die Gleichgewichtskurve mit den Dampfzusammensetzungen als Ordinaten und den Flüssigkeitszusammensetzungen als Abszissen eingetragen. Aus dem Ordinatenunterschied $(X - x)$ zwischen Gleichgewichtskurve und Diagonalen des Schaubildes ist die Kurve mit den reziproken Werten $1/(X - x)$ als Ordinaten entworfen. Mit ihrer Hilfe ist zeichnerisch zum Beispiel durch schrittweise Quadraturen der Blaseninhalt B in Abhängigkeit von der Zusammensetzung der Blasenfüllung durch die Kurve a—b bestimmt. Sinkt der Blaseninhalt B während der Destillation in seiner Zusammensetzung von dem Punkt d auf den Punkt c, so beträgt der verdampfte Teil der Blasenfüllung D, wenn die den Punkten d und c entsprechenden Blasenfüllungen im Schaubild (Abb. 15) mit B_d und B_c bezeichnet werden:

$$D = \frac{B_d - B_c}{B_d} B. \tag{23}$$

Die Blasenfüllung hat dann die dem Punkt c entsprechende Zusammensetzung x_c erreicht. Die dabei vorhandene Zusammensetzung des Destillats x_D ergibt sich aus der Beziehung:

$$B x_d - B_c x_c = D x_D,$$

$$x_D = \frac{B x_d - B_c x_c}{D}. \tag{24}$$

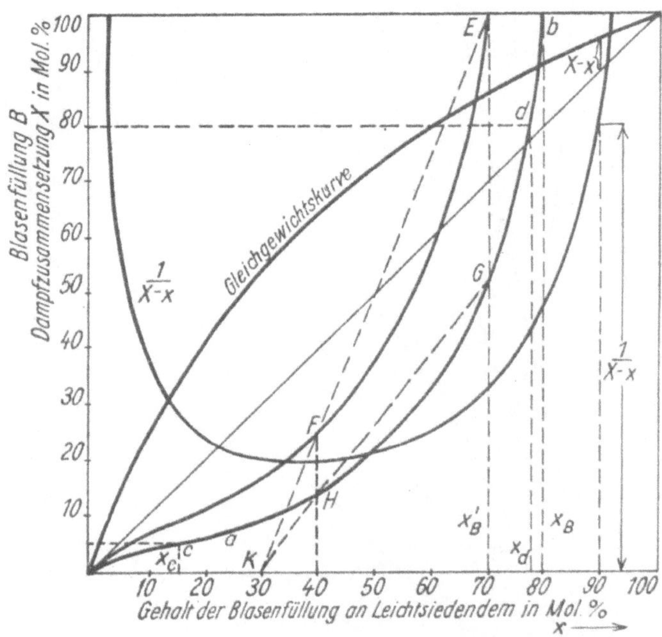

Abb. 15. Verlauf des Abtriebs eines einfachen, absatzweise arbeitenden Apparats.

Hat man eine Kurve für den jeweiligen Wert B für eine ursprünglich vorhandene Zusammensetzung der Blasenfüllung x_B entworfen, zum Beispiel die Kurve a—b in Abb. 15, so lassen sich die Kurven für jede andere Blasenfüllung durch das gleichfalls in Abb. 15 dargestellte Verfahren in einfacher Weise zeichnerisch bestimmen. Ist die Kurve a—b für den Abtrieb der Blasenfüllung mit der Zusammensetzung x_B gegeben, so erhält man die entsprechende Kurve für die Blasenzusammensetzung x'_B, indem man durch den Punkt G mit der Abszisse x'_B eine Anzahl Geraden legt, von denen die in dem Beispiel (Abb. 15) dargestellte die gegebene Kurve a—b im Punkte H schneidet. Verbindet man jetzt den Schnittpunkt der Geraden GH mit der Abszissenachse K durch eine Gerade mit dem Punkt E, der die Abscisse x'_B hat, so erhält man mit dem auf der Abszisse von H liegenden Punkt F der Geraden KE einen neuen Punkt für die gesuchte B-Kurve.

Als Beispiele sind die Kurven für den Blaseninhalt in Abhängigkeit von der jeweiligen Zusammensetzung der Blasenfüllung in Abb. 16 und 17 für verschiedene ursprüngliche Zusammensetzungen der Blasenfüllung dargestellt. In Abb. 16 ist dem Beispiel eine Gleichgewichtskurve zugrunde gelegt, die in ihrer Gestalt etwa der von zwei vollständig sich lösenden Flüssigkeiten entspricht. Alle B-Kurven erreichen den Wert Null, das heißt, auch wenn der größte Teil der Blasenfüllung abgetrieben ist, befindet sich immer noch

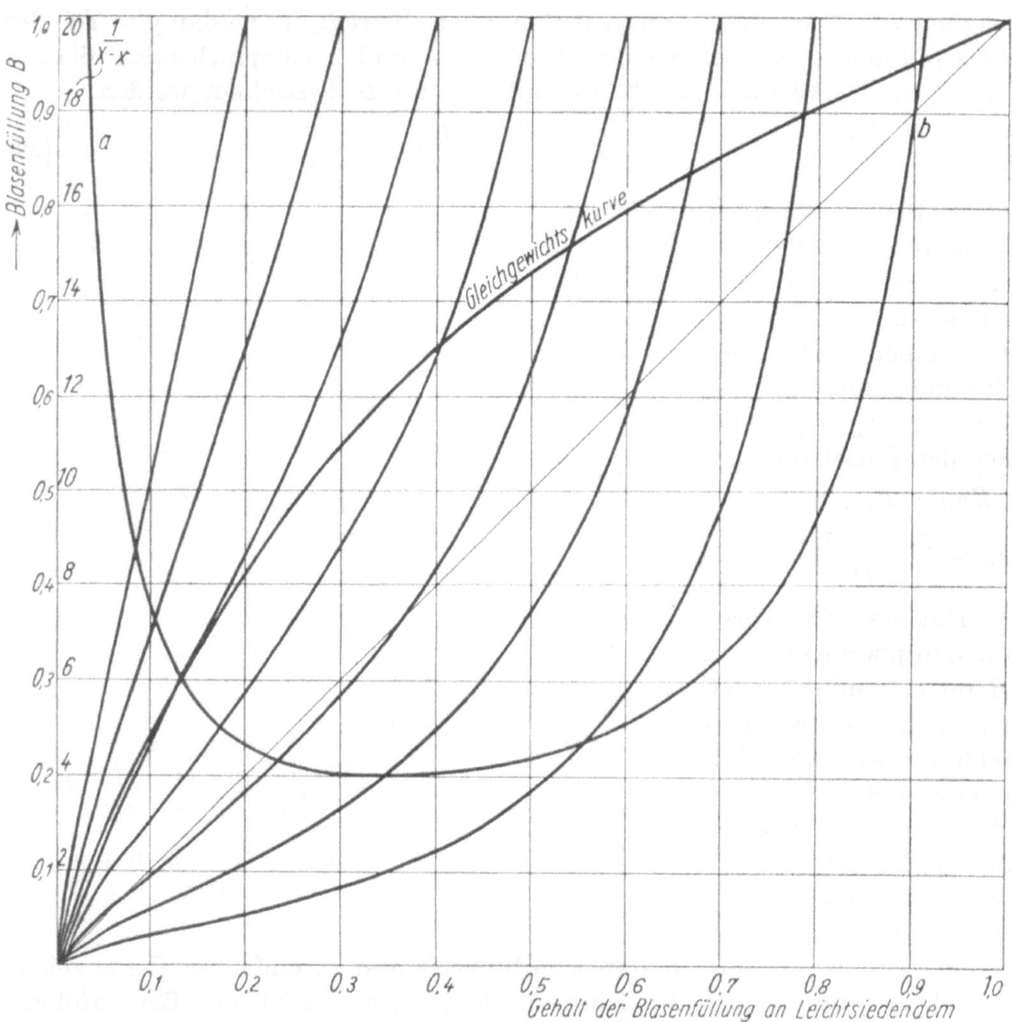

Abb. 16. Verlauf des Abtriebs in einem einfachen, absatzweise arbeitenden Apparat für zwei sich lösende Flüssigkeiten.

Leichtsiedendes in der Blase. Eine vollständige Trennung ist also mit einem einfachen Apparat gar nicht möglich. Die Kurven verlaufen um so steiler, der Blaseninhalt sinkt also bei gleicher Änderung der Zusammensetzung der Blasenfüllung um so stärker, je kleiner der Unterschied zwischen der Blasenzusammensetzung und der des aus ihr aufsteigenden Dampfs $X-x$ ist. In Abb. 17 ist eine Gerade als Gleichgewichtskurve angenommen. Dieses Beispiel bezieht sich also auf zwei gegenseitig unlösliche Flüssigkeiten. Je nach der ursprünglichen Zusammensetzung der Blasenfüllung ist bei Beendigung des Abtriebs die Blase mit einer bestimmten Menge der schwersiedenden Komponente gefüllt. Die Kurve für den Verlauf des Abtriebs (*B*-Kurve) ist der $1/(X-x)$-Kurve proportional. Alle anderen Kurven ergeben sich dann mit Hilfe des beschriebenen Verfahrens.

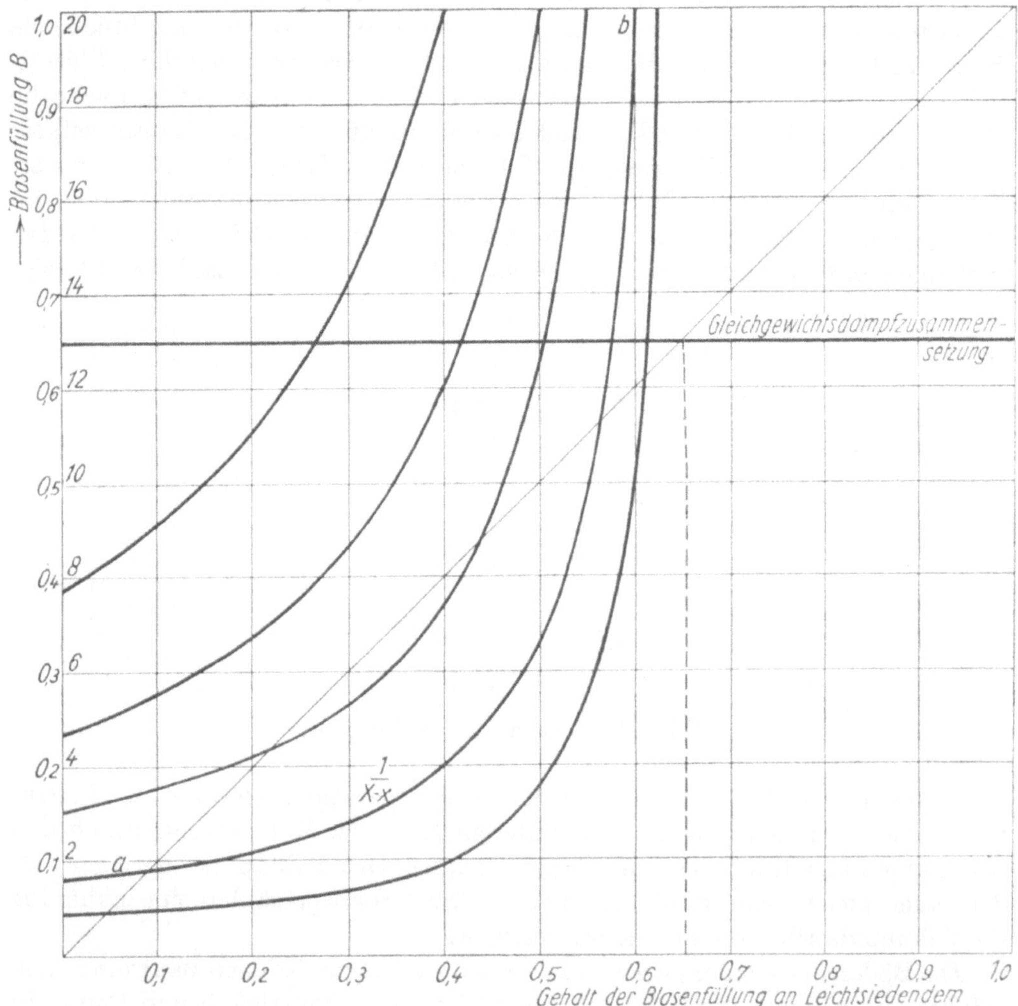

Abb. 17. Verlauf des Abtriebs in einem einfachen, absatzweise arbeitenden Apparat für zwei sich nicht lösende Flüssigkeiten.

Praktisch werden sich Abweichungen von diesen theoretisch erhaltenen Werten immer dadurch zeigen, daß der Dampf nicht trocken gesättigt ist, sondern naß ist, weil immer Flüssigkeit aus der Blasenfüllung mitgerissen wird.

3. Die Verstärkungssäulen.

In den seltensten Fällen genügt zur Trennung eines Flüssigkeitsgemisches eine einmalige Verdampfung. Man führt daher den Dampf in eine Trennsäule oder Kolonne. In dieser wird der Dampfstrom einem ständig von oben mit

Siedetemperatur herabfließenden Flüssigkeitsstrom entgegengeführt, um die leichtersiedende Komponente im Dampf anzureichern und in der Flüssigkeit zu entfernen. Allen Kolonnen ist das Gegenstromverfahren zwischen dem aufsteigenden Dampf und der herabfließenden Flüssigkeit gemeinsam. Die zum Austausch zwischen Leicht- und Schwersiedendem von Dampf und Flüssigkeit notwendige innige Berührung zwischen diesen beiden Phasen wird durch zwei Bauarten der Kolonnen erreicht. Entweder staut man die herabfließende Flüssigkeit auf besonderen Böden an und läßt den Dampf durch diese Flüssigkeitsschichten treten, oder man verwendet Füllkörper, auf deren Oberfläche die Berührung zwischen Flüssigkeit und Dampf erfolgt. Die erste Bauart soll als Kolonne mit Böden, die zweite als Kolonne mit Füllkörpern bezeichnet werden. Entsprechend der Wirkungsweise spricht man auch im ersten Fall von Durchströmrektifikation, im zweiten von Oberflächenrektifikation. Bei den Kolonnen mit Böden nimmt der Druck entsprechend der Zahl der Flüssig-

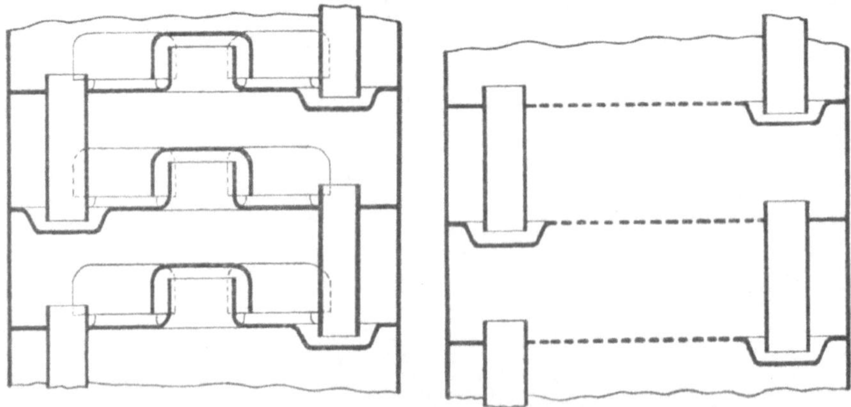

Abb. 18. Glocken- und Siebboden.

keitsschichten nach unten zu. Bei den Füllkörpersäulen entsteht ein Druckunterschied zwischen oberem und unterem Ende der Kolonne nur durch den Strömungswiderstand der Füllkörper. Dieser Druckabfall ist geringer als der einer gleichhohen Säule mit Böden. Die Füllkörpersäulen sind daher für die Vakuumdestillation besonders geeignet.

Die Böden der Kolonnen werden meist in zwei verschiedenen Bauweisen ausgeführt, die sich nur durch die Art und Weise, in der Flüssigkeit und Dampf in Berührung gebracht werden, unterscheiden. Es sind dies die Siebböden und die Glocken- oder Kappenböden (Abb. 18).

Bei der ersten Bauart sind die Böden mit einer großen Zahl von kleinen Löchern versehen, durch die der von dem nächsten, unteren Boden aufsteigende Dampf tritt. Der Dampfdruck verhindert, daß Flüssigkeit durch die Löcher nach unten fließt. Diese staut sich daher auf dem Boden an und fließt durch ein besonderes Rücklaufrohr auf den nächsten, unteren Boden. Die Höhe der Flüssigkeitsschicht ist durch den Abstand des oberen Randes dieses Rohres von dem Boden gegeben. Da der Dampf durch die zahlreichen Löcher in sehr guter Verteilung durch die Flüssigkeitsschicht tritt, ist die Wirkung eines

Siebbodens verhältnismäßig gut, das heißt der von dem Boden aufsteigende Dampf und die von diesem Boden herabfließende Flüssigkeit werden sich in ihrer Zusammensetzung weitgehend dem Phasengleichgewicht nähern. Da der Dampfdruck unter dem Boden die Flüssigkeit auf dem Boden hält, besteht bei einem Sinken des Drucks die Gefahr, daß die Flüssigkeit durch die Dampflöcher fällt. Die Siebbodenkolonnen müssen daher immer mit einer bestimmten Mindestdampfgeschwindigkeit betrieben werden. Bei zu großer Dampfgeschwindigkeit wird die Flüssigkeit nach oben geschleudert und verspritzt, so daß die gute Wirkung beeinträchtigt wird.

Liegen die Böden nicht genau wagerecht, so ist auch die Flüssigkeitsschicht nicht überall auf dem Boden gleich groß. Der Dampf sucht sich den Weg des kleinsten Widerstandes und geht zum größten Teil durch die höherliegende Fläche des Bodens. Sind feste Stoffe in der Flüssigkeit vorhanden, so verstopfen sich die feinen Löcher der Siebböden leicht.

Man gibt daher den Glocken- oder Kappenböden meist gegenüber den Siebböden den Vorzug.

Bei den Glocken- oder Kappenböden bleibt eine Flüssigkeitsschicht ständig auf dem Boden stehen. Dies wird dadurch erreicht, daß statt der Löcher des Siebbodens besondere Dampfzuleitungsrohre vorgesehen werden, die durch eine in die Flüssigkeitsschicht tauchende Kappe oder Glocke bedeckt sind. Der von dem unteren Boden kommende Dampf muß daher um den Rand der Glocke herum in Blasen durch die Flüssigkeitsschicht treten. Die Dampfdurchtrittsöffnungen haben entweder einen langgestreckten, rechteckigen Querschnitt oder einen Kreisquerschnitt mit verhältnismäßig kleinem Durchmesser. Eine derartige Anordnung mit einer großen Zahl von kleinen Dampfdurchtrittsöffnungen sichert besser eine gleichmäßige Verteilung des ganzen Dampfstromes in der Flüssigkeitsschicht. Oft werden die Kappen an ihrem unteren Rand mit einer Zahnung versehen, um größere Blasen in mehrere kleinere zu teilen. Auch schmale Schlitze am Rand der Kappe sind vorteilhaft, weil sie ähnlich wie die Siebböden kleine Blasen erzeugen. Bei den Kappen- oder Glockenböden ist die vom Dampf durchströmte Flüssigkeitsschicht durch den Abstand des unteren Kappenrandes von der Oberkante des Rücklaufrohrs gegeben. Je größer dieser Abstand ist, um so größer ist Inhalt und Aufenthaltszeit der Flüssigkeit in der Kolonne und entsprechend auch die Berührungsdauer mit der Flüssigkeit länger.

Die Rücklaufrohre werden auf den einzelnen Böden in der Regel versetzt angeordnet, so daß die Flüssigkeit auf ihrem Weg zum nächsten Rücklaufrohr den ganzen Boden überqueren muß. Bei größerem Kolonnendurchmesser besteht die Gefahr, daß die Flüssigkeit sich nicht gleichmäßig über den Boden ausbreitet und der größte Teil der Flüssigkeit, dem Wege des kleinsten Widerstandes folgend, sich den kürzesten Weg bis zum nächsten Rücklaufrohr sucht und in der Hauptsache über die Mitte des Bodens fließt. Um dies zu vermeiden, kann man den Boden durch Einbauten so in einzelne Teile gliedern, daß der Flüssigkeit ein bestimmter Weg vorgeschrieben ist, den sie bis zum nächsten Rücklaufrohr zu durchlaufen hat.

Die Wirkung eines Bodens beruht darauf, daß der Dampf bei seinem Durchtritt durch die Flüssigkeitsschicht Schwersiedendes abgibt und Leichtsiedendes von der Flüssigkeit aufnimmt. Dieser Austausch zwischen Leicht- und Schwersiedendem kann mehr oder weniger vollständig sein. Er ist um so vollständiger, je inniger die Berührung zwischen Flüssigkeit und Dampf ist. Tritt eine Blase in das Flüssigkeitsgemisch, so findet der Ausgleich zwischen Leicht- und Schwersiedendem zunächst nur an der Oberfläche der Blase statt. Der Dampf im inneren Teil der Blase wird seine Zusammensetzung unverändert behalten. Nur durch die heftige Bewegung der Flüssigkeit auf den Böden durch die aufsteigenden Blasen, die Formänderungen der Blasen teilweise bewirkt, und durch Zusammenstöße mit anderen Blasen kommen auch die inneren Teilchen einer Dampfblase mit der Flüssigkeit in Berührung. Dies wird um so mehr der Fall sein, je länger die Aufenthaltszeit der Dampfblasen in der Flüssigkeit ist, das heißt, je größer der Weg ist, den die Blasen zurückzulegen haben, je größer also die Flüssigkeitsschicht ist. Auch die Dampfgeschwindigkeit ist von Einfluß. Je größer die Dampfgeschwindigkeit ist, um so stärker ist die Bewegung der Flüssigkeit auf den Böden, um so mehr wird die Flüssigkeit verspritzt und dadurch Dampf und Flüssigkeit in Berührung gebracht. In der Regel ist die Zusammensetzung des von einem Boden aufsteigenden Dampfes also nicht die dem Phasengleichgewicht mit der Flüssigkeit entsprechende, sondern der Gehalt an Leichtsiedendem in dem aufsteigenden Dampf ist geringer, als wie er durch die Gleichgewichtskurve bestimmt wird. Um nun die Vorgänge in einer Kolonne theoretisch verfolgen zu können, macht man die Annahme, daß der von einem Boden aufsteigende Dampf und die von diesem Boden herabfließende Flüssigkeit sich im Gleichgewicht befinden. Dasselbe gilt für alle anderen Bodenbauarten.

4. Der Rücklauf.

Dem in der Trennsäule aufsteigenden Dampf wird der Rücklauf entgegengeführt, der durch Kondensation des vom obersten Boden der Säule aufsteigenden Dampfes im Rücklaufkondensator erzeugt wird. Die Menge des auf den obersten Boden fließenden Rücklaufs hängt nur von der in diesem Rücklaufkondensator entzogenen Wärmemenge ab. Es soll jetzt untersucht werden, wie groß der Rücklauf zwischen zwei beliebigen Böden der Trennsäule ist.

Es ist oft zweckmäßig, alle Gewichtsmengen auf eine bestimmte Destillatmenge zu beziehen, zum Beispiel auf 1 kg Destillat oder auf die in der Zeiteinheit übergehende Destillatmenge. Im folgenden sollen zunächst alle Gewichtsmengen sich auf eine bestimmte Zeiteinheit beziehen, die Gehaltsangaben seien in Gew.-% ausgedrückt. Es seien folgende Bezeichnungen gewählt:

G = zwischen zwei beliebigen Böden aufsteigende Dampfmenge/Zeiteinheit,
g = Rücklaufmenge/Zeiteinheit,
X = Gehalt des Dampfes an Leichtsiedendem,
x = Gehalt der Flüssigkeit an Leichtsiedendem,
r = latente Verdampfungswärme/kg,

I = Gesamtwärmeinhalt des Dampfes bezogen auf 0° C,
i = Flüssigkeitswärme bezogen auf 0° C,
D = Destillatmenge/Zeiteinheit,
x_D = Gehalt des Destillats an Leichtsiedendem.

Es sei jetzt eine beliebige Verstärkungssäule betrachtet, der von oben der Rücklauf, von unten aus einer Blase oder einer anderen Säule der Dampf zugeführt wird. Alle Werte, die sich auf einen beliebigen wagerechten Querschnitt, zum Beispiel auch den obersten in der Kolonne, beziehen, seien durch eine 1 und alle, die sich auf einen darunterliegenden Querschnitt beziehen, durch eine 2 gekennzeichnet. Wärmeverluste nach außen seien vorläufig vernachlässigt, was für Kolonnen mit großem Durchmesser immer zulässig ist und für solche kleineren Durchmessers bei guter Isolation möglich ist. Man denke sich die Trennsäule in zwei wagerechten Ebenen durchschnitten, die zwischen je zwei beliebigen Böden liegen mögen. Auf die Vorgänge, die sich in dem durch die Schnittebenen begrenzten Kolonnenstück abspielen, kommt es hier nicht an. Die Stoffmenge, die in der Zeiteinheit in das betrachtete Kolonnenstück eintritt, muß ebenso groß sein wie die Stoffmenge, die in derselben Zeit herausgeht. Dasselbe gilt für die Mengen an Leichtsiedendem und die Wärmemengen. Es ergeben sich daher, wie auch Abb. 19 zeigt, folgende drei Gleichungen:

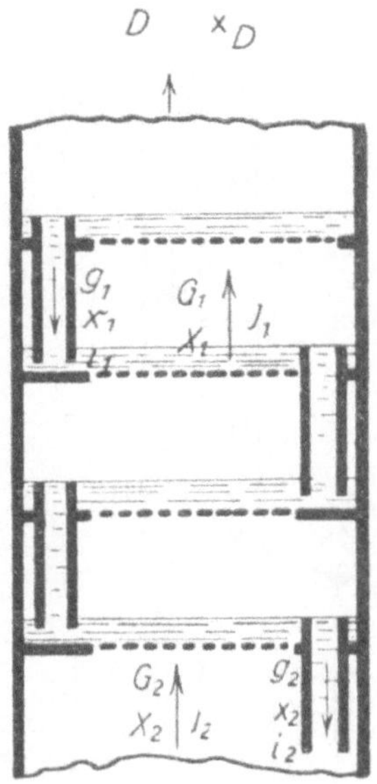

Abb. 19. Verstärkungssäule.

$$G_1 + g_2 = G_2 + g_1, \tag{25}$$

$$G_1 X_1 + g_2 x_2 = G_2 X_2 + g_1 x_1, \tag{26}$$

$$G_1 I_1 + g_2 i_2 = G_2 I_2 + g_1 i_1. \tag{27}$$

Aus diesen drei Gleichungen sollen G_2 und G_1 entfernt werden, um eine Beziehung zwischen g_1 und g_2 zu erhalten. Diese lautet:

$$g_2 = g_1 \frac{(I_1 - i_1)(X_1 - X_2) + (I_2 - I_1)(X_1 - x_1)}{(I_2 - i_2)(X_1 - X_2) + (I_2 - I_1)(X_2 - x_2)},$$

$$g_2 = g_1 \frac{I_1 - i_1 + (I_2 - I_1)\dfrac{X_1 - x_1}{X_1 - X_2}}{I_2 - i_2 + (I_2 - I_1)\dfrac{X_2 - x_2}{X_1 - X_2}}.$$

Ist der Rücklauf im Verhältnis zum Destillat sehr groß, theoretisch unendlich groß, so sind die Dampf- und Flüssigkeitszusammensetzungen zwischen zwei Böden gleich. Für diesen Fall ist also:

$$X_1 = x_1 \quad \text{und} \quad X_2 = x_2.$$

Es ergibt sich demnach für unendlich großen Rücklauf:

$$g_2 = g_1 \frac{I_1 - i_1}{I_2 - i_2}. \tag{28}$$

Im folgenden beziehe sich der Zeiger 1 immer nur auf einen Querschnitt über dem obersten Boden.

Macht man die Annahme, daß der Kondensator, der den Rücklauf erzeugt, keine verstärkende Wirkung ausübt, so ist für jeden Rücklauf $X_1 = x_1$, wodurch $I_1 - i_1 = r_1$ wird. In den meisten Fällen werden X_2 und x_2 nicht viel voneinander abweichen. Dann ist die der Flüssigkeitszusammensetzung x_2 entsprechende Flüssigkeitswärme i_2 nahezu genau so groß wie die der Dampfzusammensetzung X_2 entsprechende Flüssigkeitswärme. Man kann daher, ohne einen großen Fehler zu begehen, auch $I_2 - i_2 = r_2$ setzen.

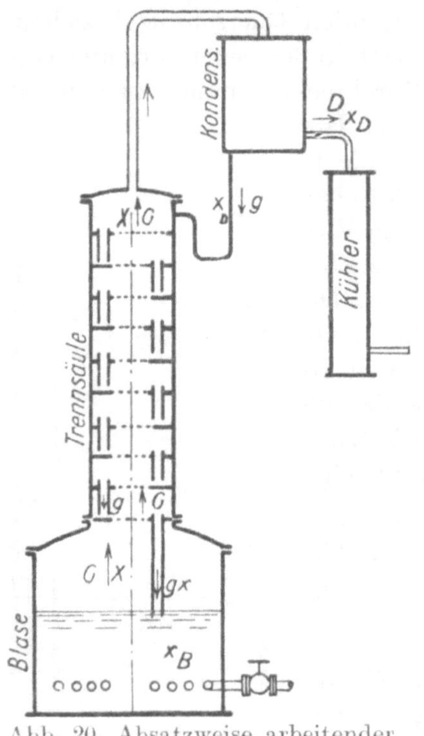

Abb. 20. Absatzweise arbeitender Apparat.

Es ergibt sich daher für jede Trennsäule, in der der bisher mit 2 bezeichnete Querschnitt an ganz beliebiger Stelle liegen kann:

$$g = g_1 \frac{r_1}{r + (I - I_1)\dfrac{(X - x)}{(X_1 - X)}}. \tag{29}$$

Betrachtet man eine einfache Trennsäule, wie sie in Abb. 20 für einen periodisch arbeitenden Destillierapparat dargestellt ist, so ergeben sich ferner folgende Gleichungen:

$$G = g + D, \tag{30}$$

$$GX = gx + Dx_D. \tag{31}$$

Aus diesen beiden Gleichungen folgt:

$$\frac{D}{g} = \frac{X - x}{x_D - X}.$$

Hiermit ergibt sich aus der obigen Gleichung für g, wenn man die Annahme macht, daß der Kondensator keine verstärkende Wirkung hat, so daß man $x_D = X_1$ setzen kann:

$$g = \frac{g_1 r_1 - (I - I_1) D}{r}. \tag{32}$$

Es soll nun das Rücklaufverhältnis oder der Rücklauf für die Destillatmenge D über dem obersten Boden $= g_1/D$ mit v_1 und in einem beliebigen Querschnitt der Säule g/D mit v bezeichnet werden.

Es ergibt sich dann:

$$v = \frac{v_1 r_1 + I_1 - I}{r} \tag{33}$$

Zur Erzeugung eines Destillats von einer gewünschten Zusammensetzung x_D muß im Kondensator ein Rücklauf v_1 erzeugt werden. Der hierbei auf einem beliebigen Boden sich einstellende Rücklauf ist dann durch die obige Gleichung gegeben. Er hängt also, abgesehen von v_1, nur von den Verdampfungswärmen und der Differenz der Gesamtwärmen in den betrachteten Querschnitten der Kolonne ab. Je größer der Rücklauf ist, um so genauer ist er den Verdampfungswärmen umgekehrt proportional.

Werden alle Größen statt in Gewichtseinheiten in Molen bzw. Molekularprozenten oder Molenbrüchen ausgedrückt, so ergibt sich eine große Vereinfachung. Nach der *Trouton*schen Regel sind die Verdampfungswärmen eines Mols nur den absoluten Siedetemperaturen proportional. Die Siedetemperaturen der Stoffe, die in einer Kolonne getrennt werden müssen, liegen verhältnismäßig nahe beieinander. Liegen die Siedetemperaturen weiter auseinander, so ist die Trennung der Stoffe voneinander in der Regel einfacher und ohne hohe Kolonne möglich. Der Unterschied der Gesamtwärmen, der in der obigen Formel für v auftritt, ist fast immer gegen das Produkt von Rücklauf und Verdampfungswärme/Mol sehr klein. Es ergibt sich daher mit großer Annäherung für jede Kolonne:

$$g_1 = g \qquad \text{und} \qquad v_1 = v\,.$$

Der molare Rücklauf ist in der ganzen Kolonne unveränderlich.

Hierbei sind jedoch die molekularen Verdampfungswärmen als unveränderlich angesehen, was allerdings nicht genau stimmt. Eine allzu große Genauigkeit ist aber bei allen hier behandelten Fragen schon deshalb nicht möglich, weil die physikalischen Konstanten der Flüssigkeiten und ihrer Gemische, wie zum Beispiel Verdampfungswärmen, Flüssigkeitswärmen und die Abhängigkeit von Temperatur und Zusammensetzung, nicht genau genug bekannt sind.

Sind die molekularen Verdampfungswärmen nicht genügend genau gleich groß, so kann man sich, um trotzdem mit unveränderlichem Rücklauf rechnen zu können, helfen, indem man für das Molekulargewicht des einen Stoffs eine Rechengröße einführt. Man setzt dann nur für die eine Komponente das wirkliche Molekulargewicht ein und für das der zweiten ein künstliches Molekulargewicht, das sich durch Division der Verdampfungswärme/Mol der ersten durch die Verdampfungswärme/kg der zweiten ergibt. Die Anwendung dieses Verfahrens auf irgendein Schaubild, zum Beispiel das der Gleichgewichtskurve, bei der die Flüssigkeitszusammensetzungen als Abszissen und die zugehörigen Gleichgewichtsdampfzusammensetzungen als Ordinaten aufgetragen sind, ist gleichbedeutend mit einer geometrischen Verzerrung des Koordinatennetzes. Es müssen dann aber sowohl Ordinaten als auch Abszissen der Gleichgewichtskurve, die oft in Gew.-% gegeben ist, entsprechend den errechneten Mol.-% umgerechnet werden.

5. Die Flüssigkeits- und Dampfzusammensetzungen in der Verstärkungssäule.

Bei den absatzweise arbeitenden Apparaten wird der Dampf, der zwecks Trennung in seine Bestandteile in die Verstärkungssäule geführt wird, in einer Blase erzeugt, die in entsprechenden Abständen mit dem zu trennenden Flüssigkeitsgemisch gefüllt wird. Für die Erzeugung des Rücklaufs und die Kühlung des Destillats sind besondere Kühler vorgesehen, so daß sich für einen absatzweise arbeitenden Apparat das in Abb. 20 dargestellte Bild ergibt.

Für einen beliebigen wagerechten Querschnitt der Verstärkungssäule ergibt sich aus Gleichung (30) und (31):

$$X = \frac{g}{g + D} x + \frac{D x_D}{g + D}. \tag{34}$$

Führt man wieder das Rücklaufverhältnis $g/D = v$ ein, so erhält man:

$$X = \frac{v}{v + 1} x + \frac{x_D}{v + 1}. \tag{35}$$

Da hier v und x_D unveränderlich sind, stellt die Gleichung in einem Koordinatennetz mit den Flüssigkeitszusammensetzungen x in Mol.-% als Abszissen und den Dampfzusammensetzungen X in Mol.-% als Ordinaten eine Gerade mit der Steigung $v/(v + 1)$ und einem Abschnitt auf der Ordinatenachse $x_D/(v + 1)$ dar. Sie gibt in jedem Querschnitt der Kolonne die bei einem gegebenen Rücklauf g zur Erzeugung der Destillatmenge D mit dem Gehalt an Leichtsiedendem x_D wirklich vorhandenen Dampf- und Flüssigkeitssammensetzungen an, das heißt den Gehalt an Leichtsiedendem im Dampf, der von einem beliebigen Boden aufsteigt, und den Gehalt an Leichtsiedendem in der Flüssigkeit, die von dem darüberliegenden Boden auf ihn herabströmt.

Um für eine bestimmte Trennung die notwendige Zahl der Böden ermitteln zu können, und um die Vorgänge in einer gegebenen Trennsäule für die verschiedenen Betriebsbedingungen beurteilen zu können, muß eine Annahme gemacht werden über den Zusammenhang zwischen der Zusammensetzung des Dampfes, der von einem beliebigen Boden aufsteigt, und der Zusammensetzung des Flüssigkeitsgemischs, das von diesem Boden auf den nächsten unteren herabströmt. Hier wird allgemein angenommen, daß diese Beziehung durch das Phasengleichgewicht gegeben sei, wie es durch die Gleichgewichtskurve bestimmt ist. Wie bereits erwähnt, stimmt diese Annahme nicht genau. Je weniger die durch die Flüssigkeitsschicht auf dem Boden tretenden Dampfblasen an ihrer Oberfläche von der Flüssigkeit Leichtsiedendes aufnehmen und Schwersiedendes abgeben, um so weiter entfernt sich die mittlere Zusammensetzung des von einem Boden aufsteigenden Dampfes von der Zusammensetzung, die dem Phasengleichgewicht mit der von diesem Boden herabströmenden Flüssigkeit entspricht. Es ist daher für eine bestimmte Trennung eine größere Bodenzahl notwendig, als theoretisch mit dieser Annahme erhalten wird. Das Verhältnis der theoretisch für eine bestimmte Trennung notwendigen Böden zu der wirklich angewendeten Bodenzahl kann man als den mittleren Wirkungsgrad der Böden bezeichnen, dessen Größe etwa zwischen 50 und 90% je nach den zu trennenden Stoffen und den verwendeten Trennsäulen liegt. Man hat daher im folgenden stets zu beachten, daß die Bodenzahl, bei deren Bestimmung von der Annahme ausgegangen wird, daß die von einem Boden weg gehenden Flüssigkeiten und Dämpfe sich im Gleichgewicht befinden, stets durch einen Erfahrungswert, den Wirkungsgrad der Böden, richtig gestellt werden muß.

Da mit dieser Annahme durch die Gleichgewichtskurve eine Beziehung zwischen Dampf- und Flüssigkeitszusammensetzungen über und unter einem Boden und durch Gleichung (35) eine Beziehung für Dampf und Flüssigkeitszusammensetzungen zwischen zwei Böden gegeben ist, können die auf jedem Boden sich einstellenden Zusammensetzungen in einfacher Weise ermittelt werden.

Man zeichnet in ein X-x-Schaubild für das angewendete Rücklaufverhältnis v und die erwünschte Destillatzusammensetzung x_D die Gerade nach Gleichung (35) ein, die im folgenden als Gerade für die Verstärkungssäule bezeichnet werde. Sie schneidet die Diagonale des Schaubildes bei $x = x_D$. Es sei angenommen, daß der Kondensator keine verstärkende Wirkung ausübt, so daß die Zusammensetzung des Dampfs vom obersten Boden gleich der des Rücklaufs aus dem Kondensator und gleich der Zusammensetzung des erzeugten Destillats wird. Flüssigkeits- und Dampfzusammensetzungen über dem obersten Boden der Verstärkungssäule werden demnach auf Abb. 21 durch Punkt 1 dargestellt. Die Zusammensetzung des Dampfs, der sich von dem obersten Boden erhebt und die Ordinate von 1 hat, und die Zusammensetzung

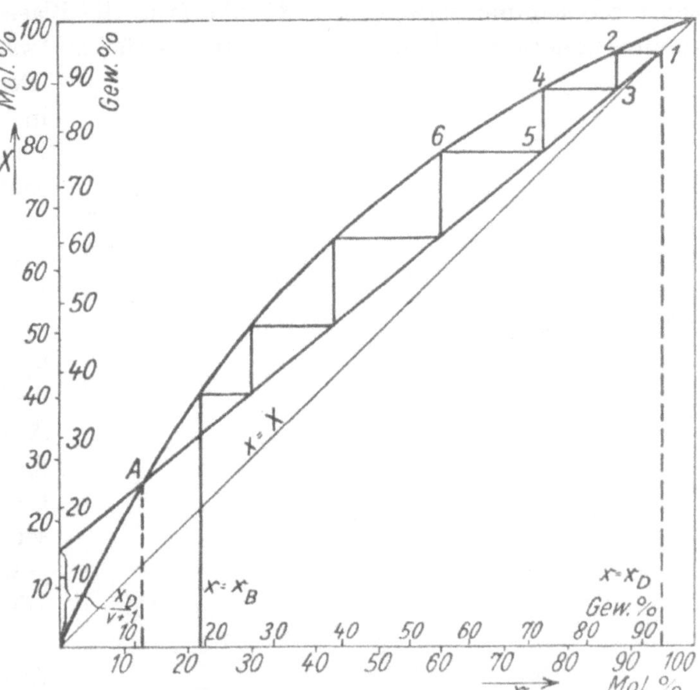

Abb. 21. Zusammensetzungen in der Verstärkungssäule eines absatzweise arbeitenden Apparates.

der Flüssigkeit, die von diesem Boden auf den zweiten herabfließt, wird durch den auf der Gleichgewichtskurve liegenden Punkt 2 dargestellt. Die Zusammensetzung der Flüssigkeit, die vom ersten auf den zweiten Boden von oben fließt und die Abszisse des Punktes 2 hat, und der Dampf, der vom zweiten Boden nach oben steigt, wird durch den auf der Geraden für die Verstärkungssäule liegenden Punkt 3 gekennzeichnet. Punkt 4, der auf der Gleichgewichtskurve liegt und die Ordinate des Punktes 3 hat, kennzeichnet den Dampf, der vom zweiten Boden aufsteigt, und die Flüssigkeit, die von diesem Boden auf den dritten fällt. Fährt man so weiter fort, so erkennt man, daß die Trennsäule für die verlangte Destillation bei dem angewendeten Rücklaufverhältnis v theoretisch so viel Böden haben muß, wie sich zwischen der durch Gleichung (35) gegebenen Geraden und der Gleichgewichtskurve bis zu der der Zusammensetzung der Blasenfüllung x_B entsprechenden Abszisse Stufen in der dargestellten Weise ziehen lassen. Die durch Abb. 21 dargestellte Kolonne hat demnach fünf Böden.

6. Die Mindestrücklaufwärme.

Bei einem gegebenen Rücklaufverhältnis v ist der geringstmögliche Gehalt an Leichtsiedendem in dem aus der Blase aufsteigenden Dampf durch Punkt A (Abb. 21) bestimmt. Je mehr sich die Stufen dem Punkt A nähern, um so geringer wird die mit einem Boden erzielte Anreicherung, um so mehr wird der für die gewünschte Trennung geringstmögliche Rücklauf erreicht. Es gilt daher im allgemeinen, jedoch nicht für alle Fälle, der Satz, daß ein Destillierapparat für eine bestimmte Leistung um so weniger Wärme braucht, je mehr sich die Zusammensetzung des Rücklaufs in die Blase derjenigen des Blaseninhaltes nähert. Man kann daher die Mindestrücklaufwärmen für eine bestimmte Destillatzusammensetzung in Abhängigkeit von der Zusammensetzung der Blasenfüllung und der des aus der Blase aufsteigenden Dampfs in einfacher Weise bestimmen, indem man für verschiedene Rücklaufverhältnisse die Geraden für die Verstärkungssäule in ein X-x-Schaubild einträgt und die Abszissen und Ordinaten der Schnittpunkte dieser Geraden mit der Gleichgewichtskurve bestimmt. Dies ist in einem Beispiel für die Destillation von Äthylalkohol-Wasser von 94,6 Gew.-% auf Abb. 22 und für ein ideales Gemisch auf Abb. 23 durchgeführt.

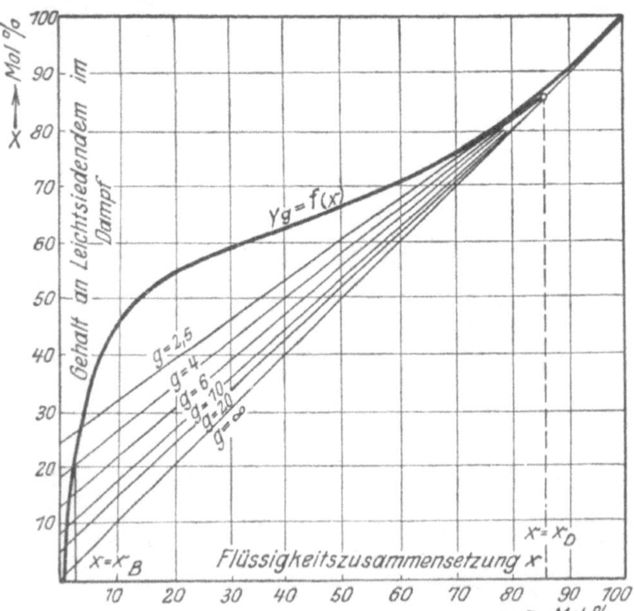

Abb. 22. Flüssigkeits- und Dampfzusammensetzungen bei verschiedenen Rückläufen für Alkohol-Wasser-Gemische.

An diesem Beispiel kann man erkennen, daß die Mindestrücklaufwärme, die notwendig ist, um ein gegebenes Dampf- oder Flüssigkeitsgemisch zu trennen, nicht immer durch den Rücklauf gegeben ist, der der Geraden nach Gleichung (35) entspricht, die man für die gegebene Destillatzusammensetzung durch den Punkt der Gleichgewichtskurve legt, der der Zusammensetzung des zu trennenden Gemischs entspricht (Punkt A, Abb. 21). Besitzt nämlich die Gleichgewichtskurve einen Wendepunkt, wie es bei allen Gemischen mit Minimumsiedepunkt, also zum Beispiel auch bei dem Gemisch Äthylalkohol-Wasser, der Fall ist, so berührt die Gerade für die Verstärkungssäule besonders bei hohen Destillatzusammensetzungen in der Nähe des Wendepunktes die Gleichgewichtskurve, und der Rücklauf kann über diesen Punkt nicht weiter verringert werden. Es würden sich nämlich in diesem Fall in der Trennsäule eine bzw. mehrere Stellen befinden, wo die Dampfzusammensetzungen über und unter einem Boden gleich sind, wo also überhaupt keine Anreicherung erzielt wird. Das Kolonnenstück, das dem Berührungspunkt der Geraden für die Verstärkungssäule mit der Gleichgewichtskurve entspricht, würde unendlich groß werden. Da bei Äythlalkohol-Wasser-Gemischen der Wendepunkt etwa bei 80 Gew.-% liegt, tritt dieser Fall bei diesen Gemischen nur ein, wenn ein hoher Alkoholgehalt im Destillat, also etwa über 90 Gew.-%, erzielt werden soll. Dadurch, daß die Gerade für die Verstärkungssäule zwischen ihren Schnittpunkten mit der Gleichgewichtskurve und der Diagonalen des X-x-Schaubildes die Gleichgewichtskurve infolge ihrer besonderen Gestalt berührt, wird der geringstmögliche Rücklaufwärmebedarf für den zwischen dem Schnittpunkt mit der Gleichgewichtskurve und dem Berührungspunkt liegenden Bereich von Zusammensetzungen unveränderlich. Man kann daher auch nicht die Mindestrücklaufwärme aus einer Formel berechnen wollen, wie es sehr oft versucht ist, da hierbei der Verlauf der Gleichgewichtskurve nicht berücksichtigt werden kann. Alle diese nicht für alle Fälle brauchbaren Formeln für die Mindestrücklaufwärme zur Trennung eines Gemisches mit den Zusammensetzungen X und x beruhen auf einer Formel, die sich aus Gleichung (35) ableiten läßt. Es ergibt sich nämlich aus dieser Gleichung für die Destillatzusammensetzung x_D:

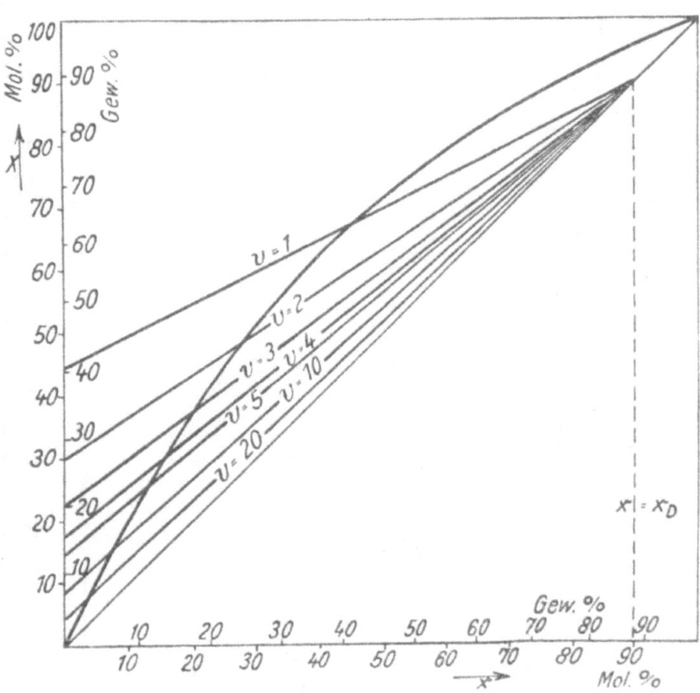

Abb. 23. Flüssigkeits- und Dampfzusammensetzungen bei verschiedenen Rückläufen für zwei vollständig lösliche Stoffe.

$$v = \frac{x_D - X}{X - x}. \tag{36}$$

Diese Formel entspricht auch den Formeln, die *E. Hausbrand* in seinen Arbeiten zur Berechnung der Mindestrücklaufwärmen aufgestellt hat, die nach den hier gebrachten Ausführungen nicht immer richtige Werte ergeben kann.

In Abb. 24 (Taf. III) ist der theoretisch geringste Wärmebedarf für mehrere Trennungen von Äthylalkohol-Wasser-Gemischen in Abhängigkeit von dem in die Kolonne tretenden Dampf dargestellt. Die falschen Kurven, die *Hausbrand* mit seiner Formel errechnet hat, sind gestrichelt eingetragen. Geringe Verschiedenheiten im oberen Teil der Kurven liegen daran, daß die benutzten Gleichgewichtskurven nicht genau übereinstimmen. Solange die Gleichgewichtskurven für die verschiedenen Flüssigkeitsgemische noch nicht einwandfrei festgestellt sind, lassen sich natürlich auch die Mindestrücklaufwärmen nicht genau bestimmen. Die errechneten Kurven *Hausbrands* haben einen merkwürdigen Verlauf, der also nicht den Tatsachen entspricht. In ähnlicher Weise ist für die Trennung eines Essigsäure-Wasser-Gemisches die Kurve für die Mindestrücklaufwärme entworfen (Abb. 25).

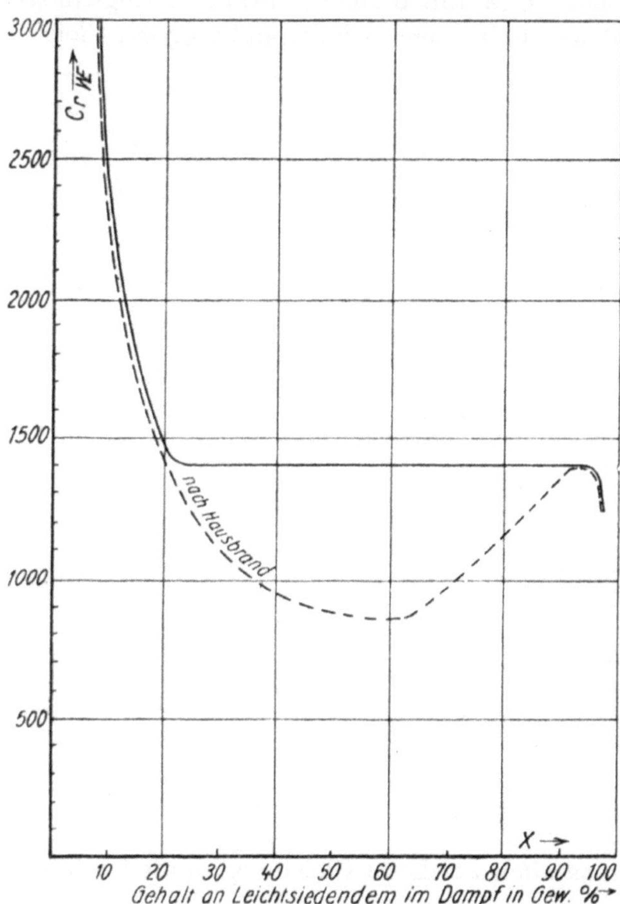

Abb. 25. Mindestrücklaufwärmen/kg Destillat für Essigsäure-Wasser-Gemische.

Die für eine bestimmte Trennung wirklich anzuwendende Rücklaufwärme muß größer sein als die in der beschriebenen Weise bestimmte Mindestrücklaufwärme, mit der die Trennung nur in einer Kolonne mit unendlich vielen Böden durchführbar wäre. Je geringer der Anstieg der Geraden nach Gleichung (35) im X-x-Schaubild wird, um so kleiner werden die Stufen, um so größer also auch die notwendige Zahl der Böden. Je größer der Rücklauf ist, um so größer wird auch die theoretisch mit jedem Boden erzielte Anreicherung, um so geringer wird auch die für eine bestimmte Trennung notwendige Bodenzahl. Der größte Rücklauf wird im X-x-Schaubild durch die Diagonale X-x dargestellt. Diesen Rücklauf könnte man als unendlich groß bezeichnen. Dies ist jedoch nicht so zu verstehen, daß die in der Kolonne herabgehenden Rücklaufmengen sehr hohe Beträge erreichen, wozu auch die Rücklaufkondensatoren gar nicht in der Lage wären, sondern so, daß das Verhältnis des Rücklaufs zum Destillat unendlich groß wird, was eintritt, wenn die aus dem Apparat entnommene Destillatmenge sehr klein oder genau Null ist. In diesem Fall erlangt die für eine bestimmte Trennung theoretisch notwendige Stufenzahl einen endlichen Geringstwert.

Der Einfluß der Rücklaufwärme auf die Verstärkungswirkung in einer

Säule läßt sich am besten übersehen, wenn man die Dampfzusammensetzung als Ordinate und die Nummer jedes Bodens als Abszisse aufträgt, wobei die Böden von oben gezählt seien. Dies ist in einem Beispiel in Abb. 26 für Äthylalkohol-Wasser-Gemische durchgeführt, und zwar für drei Destillatzusammensetzungen von 94,6, 94 und 90 Gew.-% und verschiedene Rücklaufwärmen, die immer auf 10 kg Destillat bezogen sind. Der Alkoholgehalt im Dampf auf den verschiedenen Böden der Verstärkungssäule hängt bei gegebener Destillatzusammensetzung nur vom Rücklauf und dem Verlauf der Gleichgewichts-

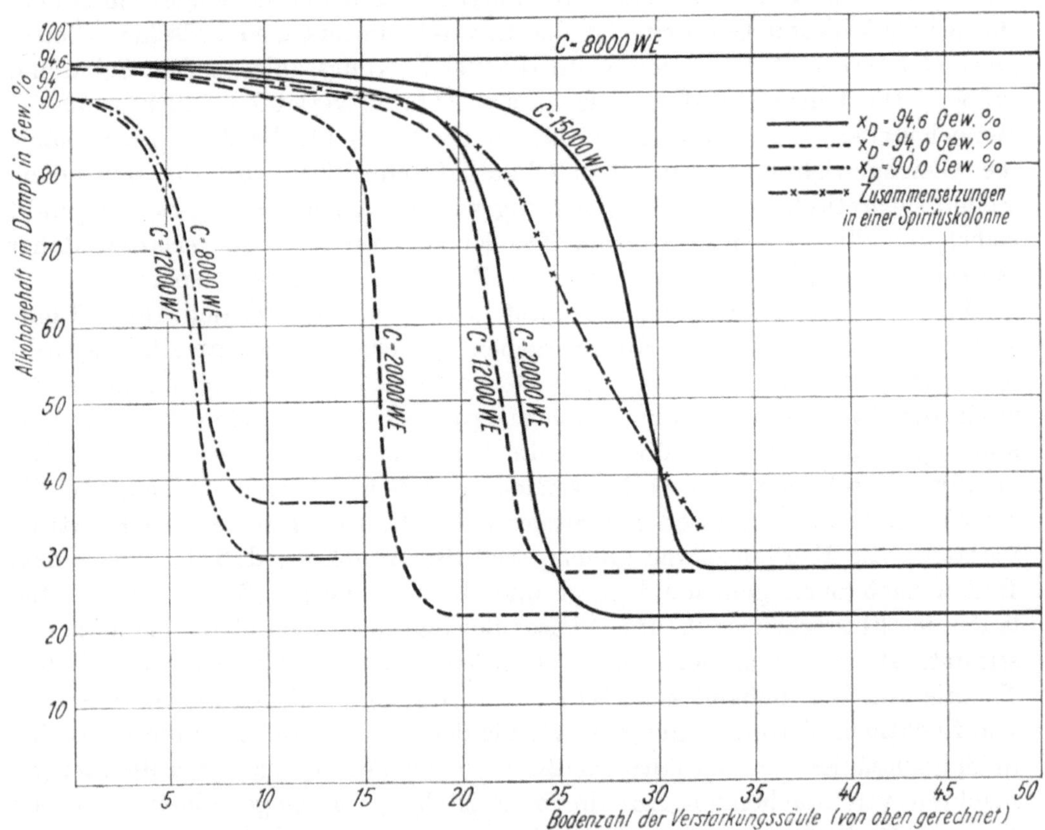

Abb. 26. Alkoholgehalt im Dampf auf den Böden einer Verstärkungssäule bei unveränderlicher Destillatzusammensetzung.

kurve ab. Auch hier ist daher die genaue Kenntnis der Gleichgewichtskurve von größter Wichtigkeit. Solange diese fehlt und die von den verschiedenen Forschern über den Verlauf der Gleichgewichtskurve eines Flüssigkeitsgemisches gemachten Angaben voneinander abweichen, sind natürlich auch die hier mit der Gleichgewichtskurve theoretisch erhaltenen Ergebnisse mit einer entsprechenden Ungenauigkeit behaftet.

Die Anreicherung auf jedem Boden ergibt sich im X-x-Schaubild durch den Ordinatenunterschied zwischen der Gleichgewichtskurve und der Geraden für die Verstärkungssäule, so daß die Form der Kurven für die Dampfzusammensetzungen auf den Böden entsprechend dem Beispiel in Abb. 26 in der

Hauptsache von der Gestalt der Gleichgewichtskurve abhängt. Dieser Ordinatenunterschied ist für Alkohol-Wasser-Gemische bei hohen Destillatzusammensetzungen im obersten Teil der Gleichgewichtskurve sehr gering, so daß die Kurven auf Abb. 26 in diesem Fall nur ganz geringe Neigung haben. Berührt die Gerade für die Verstärkungssäule die Gleichgewichtskurve im X-x-Schaubild nahezu, was nur bei hohem Alkoholgehalt im Destillat vorkommt, so wird die Mindestrücklaufwärme erreicht und die Kurven auf Abb. 26 werden zu Parallelen zur Abszissenachse mit der unveränderlichen Destillatzusammensetzung als Ordinate. Im mittleren Teil der Gleichgewichtskurve für Alkohol-Wasser-Gemische ist der Ordinatenunterschied zwischen Gleichgewichtskurve und der Geraden für die Verstärkungssäule im X-x-Schaubild größer. Die Kurven in dem Beispiel auf Abb. 26 verlaufen daher in diesem Bereich steiler. Kurz vor dem Punkt, wo die Gerade für die Verstärkungssäule die Gleichgewichtskurve im X-x-Schaubild schneidet, wird die mit einem Boden theoretisch erzielte Anreicherung wieder kleiner, um am Schnittpunkt selbst unendlich klein zu werden. Die Kurven auf Abb. 26 verlaufen daher bei dieser Dampfzusammensetzung als Parallelen zur Abszissenachse.

Für ein nahezu unlösliches Gemisch würde sich in dem der Abb. 26 entsprechenden Schaubild eine Kurve ergeben, die sehr steil, fast parallel zur Ordinatenachse verläuft. Für ein ideales Gemisch, bei dem in einem mittleren Bereich die Gleichgewichtskurve nahezu parallel zur Geraden für die Verstärkungssäule verläuft, würde sich in dem Schaubild der Abb. 26 eine fast geradlinige, schräg zu den Ordinatenachsen stehende Kurve ergeben, weil die Anreicherung auf jedem Boden in diesem Fall nahezu die gleiche wäre. Praktisch verlaufen die Kurven etwas anders, weil die Annahme, daß der von einem Boden nach oben gehende Dampf und die von diesem Boden nach unten laufende Flüssigkeit sich im Phasengleichgewicht befinden, nicht genau stimmt. Hierzu treten noch andere Einflüsse, die einen Unterschied zwischen Theorie und Wirklichkeit zur Folge haben, wie zum Beispiel die Anwesenheit von flüchtigen Verunreinigungen, wie die des Fuselöls auf bestimmten Böden in Spiritussäulen, die verhältnismäßig geringen Fehler, die durch die hier gemachten vereinfachenden Annahmen entstehen, die Ungewißheit über den genauen Verlauf der Gleichgewichtskurve usw.

Auf Abb. 26 sind nach den an anderer Stelle noch behandelten Versuchsergebnissen an zwei Spirituskolonnen die wirklichen Zusammensetzungen mit ×—×—×—Linien eingetragen, die sich auf den Böden einstellen. Der Alkoholgehalt im Destillat betrug 94 Gew.-%, die Rücklaufwärme kann auf 12000 WE für 10 kg Destillat geschätzt werden. Man ersieht, daß für eine bestimmte Dampfzusammensetzung bei einer gegebenen Destillatzusammensetzung in Wirklichkeit eine größere Bodenzahl notwendig ist, als man theoretisch mit dem angegebenen Verfahren erhält.

7. Die Vorgänge im Betrieb.

Im folgenden soll untersucht werden, wie sich ein absatzweise arbeitender Destillierapparat im Betrieb verhält. Es sei zunächst die Annahme gemacht, daß der Rücklauf in der Kolonne unveränderlich sei, das heißt, daß die der Blase zugeführten und die dem Dampf im Rücklaufkühler entzogenen Wärmemengen sich nicht ändern. Hat man eine Kolonne mit n Böden zur Trennung eines Flüssigkeitsgemisches, das die in Abb. 27 dargestellte Gleichgewichtskurve habe, so muß, wenn die Blasenfüllung die Zusammensetzung x_B hat und der Rücklauf v angewendet wird, diejenige Zusammensetzung des Destillats erhalten werden, wie sie sich aus der Anwendung des beschriebenen Verfahrens mit der der Bodenzahl n entsprechenden Stufenzahl auf Abb. 27 ergibt. Sinkt bei unveränderlichem Rücklauf infolge des Destillationsvorganges der Gehalt der Flüssigkeit in der Blase an Leichtsiedendem auf den durch $x = x_B'$ gegebenen Wert, so muß der Gehalt des Destillats an Leichtsiedendem auf den durch $x = x_D'$ gekennzeichneten Wert abnehmen. Die untere Gerade für die Destillatzusammensetzung x_D' verläuft hierbei parallel der oberen Gerade nach Gleichung (35), da ihre Neigung nur vom Rücklauf abhängt und dieser als unveränderlich angenommen ist. Entsprechend der Bodenzahl n ist zwischen x_D und x_B mit ausgezogenen Linien und zwischen x_D' und x_B' mit gestrichelten Linien jedesmal die gleiche Stufenzahl eingezeichnet. Läßt sich demnach der Rücklauf nicht vergrößern, so muß die Destillation abgebrochen werden, wenn eine bestimmte Destillatzusammensetzung nicht unterschritten werden soll, und die gesamte Destillatmenge in mehreren gesonderten Fraktionen aufgefangen werden.

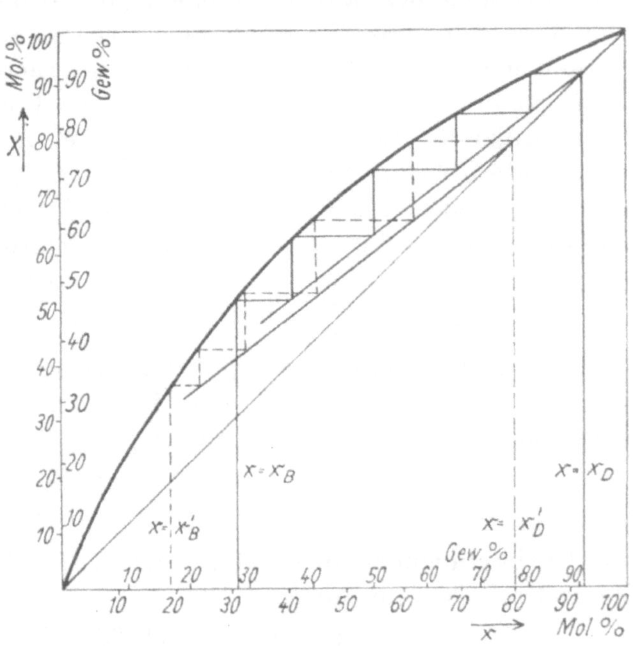

Abb. 27. Wirkungsweise der Verstärkungssäule bei unveränderlichem Rücklauf.

Der jeweilige Gehalt der Blasenfüllung an Leichtsiedendem ergibt sich aus folgender Überlegung. Die Blasenfüllung bestehe ursprünglich aus a kg Leichtsiedendem und w kg Schwersiedendem. Die übergehende Destillatmenge werde in Teilen des Leichtsiedenden in der ursprünglichen Blasenfüllung gezählt, deren Gesamtzahl der Einfachheit wegen 100 betragen möge. Sind bei der Destillation n solche Gewichtsteile entfernt, so beträgt die Menge des Leichtsiedenden in der Blase $a - \frac{n\,a}{100}$.

In ähnlicher Weise ergibt sich die Menge des Schwersiedenden in der Blase

$$w - \frac{n\,a\,(100 - x_D)}{100\,x_D}.$$

Hiermit ergibt sich der Gehalt an Leichtsiedendem in der jeweiligen Blasenfüllung in Gew.-%

$$p = 100 \frac{a - \frac{n\,a}{100}}{a - \frac{n\,a}{100} + w - \frac{n\,a\,(100 - x_D)}{100\,x_D}}. \tag{37}$$

In dieser Gleichung. ist x_D bei unveränderlichem Rücklauf in der beschriebenen Weise von der Zusammensetzung der Blasenfüllung abhängig. Für einen bestimmten Abschnitt des Destillationsverlaufs wird man jedoch die Destillatzusammensetzung x_D, die in obige Formel in Gew.-% einzusetzen ist, als unveränderlich ansehen können und so die jeweilige Zusammensetzung der Blasenfüllung bestimmen können. Die bis zum Abtrieb auf eine bestimmte Zusammensetzung der Blasenfüllung notwendige Rücklaufwärme läßt sich dann in einfacher Weise bestimmen. Die Teile, in die das Leichtsiedende im Destillat für die einzelnen Abschnitte eingeteilt sei, seien n_1, n_2 usw. Die Rücklaufwärme für 1 kg Destillat betrage C WE. Diese Größe errechnet sich, wenn x_D wieder in Gew.-% eingesetzt wird, α und β die Verdampfungswärmen der Komponenten/kg und v das Rücklaufverhältnis bedeuten, aus der Beziehung:

$$C = (x_D\,\alpha + \frac{(100 - x_D)}{100}\,\beta)\,v\,\mathrm{WE}. \tag{38}$$

Die in den einzelnen Abschnitten des Destillationsverlaufs übergehenden Destillatmengen seien T_1, T_2 usw. Bezeichnet man die zugehörigen mittleren Destillatzusammensetzungen mit x_{D1}, x_{D2} usw., so ist beispielsweise

$$T_1 = \frac{n_1 a}{100} + \frac{n_1 a\,(100 - x_{D1})}{100\,x_{D1}}.$$

Die bis zu einem bestimmten Abtrieb der Blasenfüllung notwendige Rücklaufwärme ist dann gleich:

$$C = C_1\,T_1 + C_2\,T_2 + C_3\,T_3 \quad \text{usw.} \tag{39}$$

Praktisch bleibt im Verlauf eines Abtriebs mit einem absatzweise arbeitenden Apparat auch dann, wenn man von den unvermeidlichen Schwankungen in der Heiz- und Kühlmittelzufuhr absieht, der Rücklauf nicht ganz unveränderlich, weil mit sinkendem Gehalt an Leichtsiedendem im Destillat die Temperatur der in den Rücklaufkühler steigenden Dämpfe steigt, wodurch der Temperaturunterschied zwischen diesen und dem Kühlmittel größer wird, so daß sich auch der Rücklauf vergrößert.

Will man das Destillat während eines größeren Abschnitts des Destillationsverlaufs in gleicher Zusammensetzung erhalten, was oft erwünscht ist, so muß mit abnehmendem Gehalt der Blasenfüllung an Leichtsiedendem der Rücklauf vergrößert werden. Mit den meisten Apparaten ist dies nur in beschränktem Umfang möglich. Ist das Schwersiedende des zu trennenden Gemischs Wasser, so kann man zur Verstärkung der Wärmezufuhr Wasserdampf unmittelbar durch ein gelochtes Rohr gegen Ende des Abtriebs einleiten, wobei der Rücklaufkondensator die größeren Dampfmengen bewältigen können muß. Vorteilhaft in dieser Beziehung kann es sein, wenn der Destillatkühler nicht, wie es meist geschieht, unterhalb des Rücklaufkühlers angeordnet wird, sondern etwa in gleicher Höhe mit diesem, damit man gegen Ende des Abtriebs auch unter Umständen einen Teil des Destillats noch auf den obersten Boden der Verstärkungssäule zurücklaufen lassen kann, wodurch der Rücklauf stark gesteigert wird, weil gleichzeitig die Destillatmenge/Zeiteinheit verringert wird. Hierbei wird also auf Kosten der Mengenleistung/Zeiteinheit der Gehalt an Leichtsiedendem im Destillat erhöht. Um bestimmen zu können, wie weit der Rücklauf für eine bestimmte Trennung vergrößert werden muß, damit die Zusammensetzung des Destillats sich nicht ändert, muß das obenbeschriebene Verfahren für verschiedene Rücklaufverhältnisse jedesmal mit der gegebenen Stufenzahl n durchgeführt werden, wie es in einem Beispiel in Abb. 28 gezeigt ist. Die zweite Gerade, die sich bei der Blasenzusammensetzung x_B' einstellt, hat entsprechend dem größeren Rücklauf eine stärkere Neigung, geht aber auch durch den Punkt $x = x_D$ hindurch, weil die Destillatzusammensetzung hier nach Annahme als unveränderlich angesehen werden sollte.

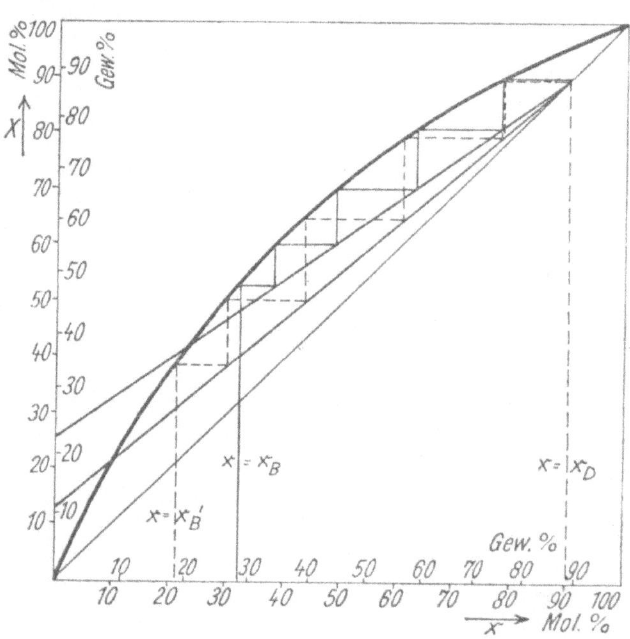

Abb. 28. Zusammensetzung der Blasenfüllung bei unveränderlicher Destillatzusammensetzung.

Mit dem beschriebenen Verfahren läßt sich auch die bis zum Abtrieb auf eine bestimmte Zusammensetzung der Blasenfüllung notwendige Rücklaufwärme für unveränderliche Destillatzusammensetzung bestimmen. Auf Abb. 29 ist in dem linken Teil des Schaubildes die für das Beispiel gewählte Gleichgewichtskurve mit den Flüssigkeitszusammensetzungen als Abszissen und den zugehörigen Gleichgewichtsdampfzusammensetzungen als Ordinaten in Mol.-% eingetragen. Da in dem anderen Teil des Schaubildes auch Gew.-% angewendet werden, ist neben der Gleichgewichtskurve strichpunktiert noch eine Kurve eingezeichnet, die die Gew.-% in Abhängigkeit der Mol.-% zeigt und die Umrechnungen der Gehaltsangaben entbehrlich machen soll. Für eine Destillatzusammensetzung von 95 Gew.-% werden für verschiedene Rückläufe — in dem Beispiel $v = 3$ und $v = 6$ — die Geraden für die Verstärkungssäule eingezeichnet und die Zusammensetzungen der entsprechenden Blasenfüllung nach dem beschriebenen Verfahren bestimmt. Für jede Zusammensetzung der Blasenfüllung ist dann das zugehörige Rücklaufverhältnis als Ordinate

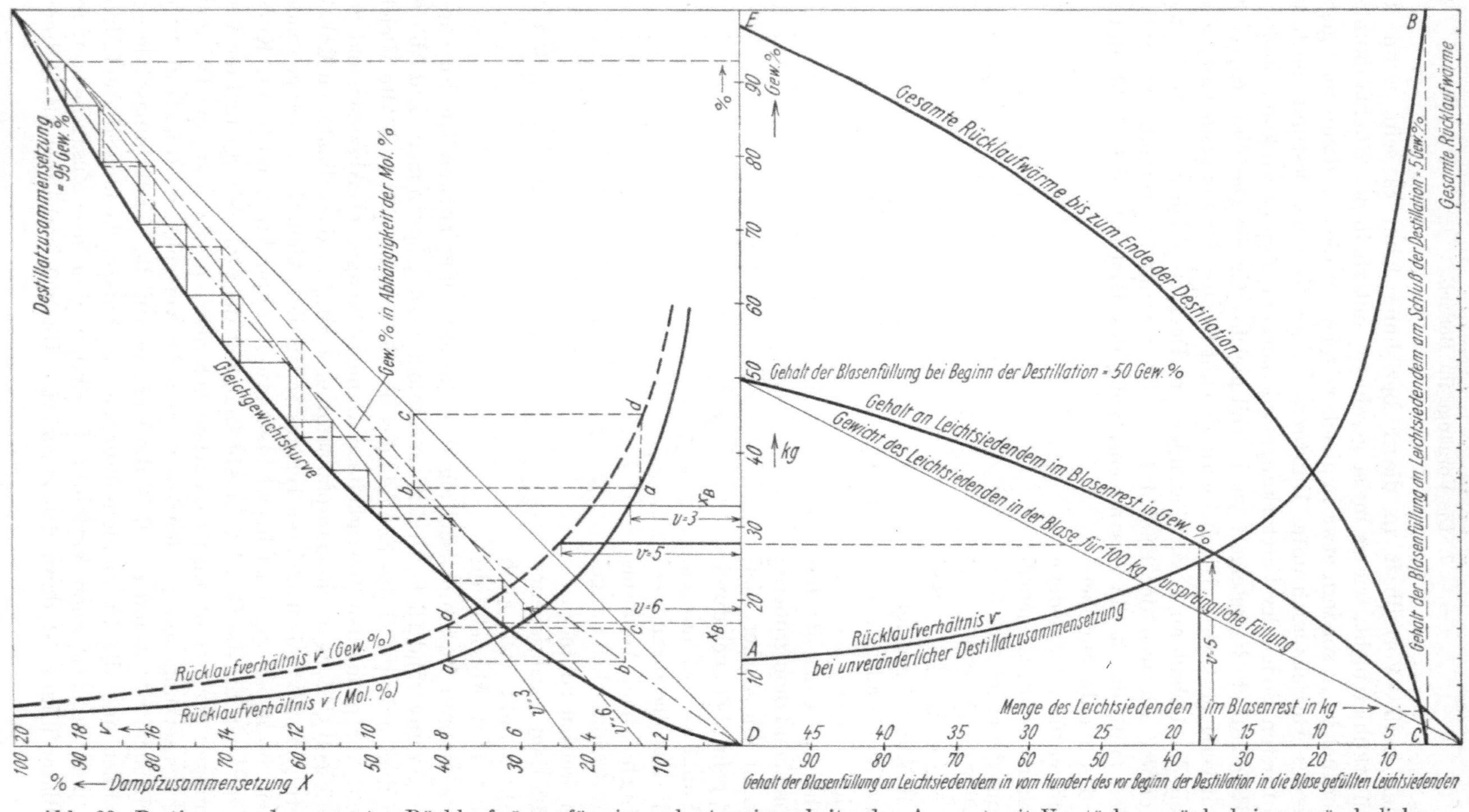

Abb. 29. Bestimmung der gesamten Rücklaufwärme für einen absatzweise arbeitenden Apparat mit Verstärkungssäule bei unveränderlicher Destillatzusammensetzung.

eingetragen, wodurch die ausgezogene Kurve erhalten wird. Diese wird dann mit Hilfe der strichpunktierten Kurve durch Ziehen der Linienzüge a—b—c—d nochmals in Abhängigkeit von den Zusammensetzungen der Blasenfüllung in Gew.-% als gestrichelte Kurve verzeichnet. In dem rechten Teil des Schaubilds (Abb. 29) ist der Gehalt der Blasenfüllung an Leichtsiedendem in vom Hundert des vor Beginn der Destillation in die Blase gefüllten Leichtsiedenden und die diesen Werten proportionale Menge des Leichtsiedenden im Blasenrest in Kilogrammen als Abszisse aufgetragen. Es ist in dem Beispiel angenommen, daß der Gehalt der Blasenfüllung bei Beginn der Destillation = 50 Gew.-% betrage. Für diesen Wert ist nach der durch Gleichung (37) gegebenen Beziehung die Kurve für den Gehalt an Leichtsiedendem im Blasenrest in Gew.-% in Abhängigkeit von dem Gehalt der Blasenfüllung an Leichtsiedendem in vom Hundert des vor Beginn der Destillation in die Blase gefüllten Leichtsiedenden entworfen. Da die Abhängigkeit des Rücklaufs von der Zusammensetzung der Blasenfüllung in Gew.-% bereits bekannt ist, läßt sich jetzt auch die Abhängigkeit des Rücklaufs von der Menge des Leichtsiedenden im Blasenrest leicht bestimmen, wie es in dem Beispiel für $v = 5$ durchgeführt ist. Führt man dies für mehrere Punkte der gestrichelten Kurve durch, so erhält man die Kurve, die den Rücklauf für jede Menge an Leichtsiedendem im Blasenrest bei unveränderlicher Destillatzusammensetzung angibt. In dem Beispiel ist angenommen, daß der Abtrieb bis auf einen Gehalt der Blasenfüllung an Leichtsiedendem von 5 Gew.-% durchgeführt werden soll, wodurch sich der größte Rücklauf mit der Ordinate $B—C$ ergibt. Die Fläche $ABCD$ unter der Kurve $A\,B$ gibt dann den gesamten Rücklauf an Leichtsiedendem an, der bis zum Abtrieb auf die gewünschte Blasenzusammensetzung bei unveränderlicher Destillatzusammensetzung aufzuwenden ist. Die Rücklaufwärme in WE erhält man, indem man die so bestimmte Rücklaufmenge mit der Verdampfungswärme des Leichtsiedenden multipliziert und entsprechend der gegebenen Destillatzusammensetzung die zugehörige Rücklaufwärme des Schwersiedenden hinzufügt. Diese Größe möge für den Beginn der Destillation in einem geeigneten Maßstab, der auf der rechten Ordinatenachse aufgetragen ist, durch die Ordinate DE gegeben sein. Führt man dieses Verfahren für verschiedene Zusammensetzungen der Blasenfüllung durch, so erhält man in der Kurve EC für jeden Punkt des Abtriebs die noch bis zum Ende der Destillation aufzuwendende Rücklaufwärme. Die Kurve $E\,C$ kann auch unmittelbar als Integralkurve zu AB verzeichnet werden.

8. Die Wärmeverluste.

Bisher war immer die Annahme gemacht, daß die Wärmeverluste vernachlässigbar seien, was bei Kolonnen mit großem Durchmesser fast immer zulässig sein wird. Sollen die Wärmeverluste berücksichtigt werden, was insbesondere bei Kolonnen mit kleinem Durchmesser zweckmäßig sein kann, so kann das in der Weise geschehen, daß man sich die Kolonne in mehrere Teile zerlegt denkt, von denen jeder infolge der Wärmeverluste mit einem größeren Rücklauf arbeitet als der über ihm liegende. Der Wärmeverlust jedes Kolonnenstücks kann in bekannter Weise aus der Oberfläche, der Temperaturdifferenz und der Wärmeübergangszahl berechnet werden. Diese beträgt für ein Quadratmeter nichtisolierter Wand für jeden Grad Celsius Temperaturunterschied zwischen Wand und umgebender Luft, je nach dem Metall, aus dem der Apparat gebaut ist, und der Luftbewegung an den Apparatwänden etwa: bei Kupfer 5—7 WE, bei Schmiedeeisen 9—11 WE, bei Gußeisen 10—12 WE.

Durch gute Isolierung der Wände kann der mit diesen Zahlen errechnete Wärmeverlust auf 15—25% ermäßigt werden.

Aus den so für jedes Kolonnenstück berechneten Wärmeverlusten läßt sich der zusätzliche molare Rücklauf berechnen, indem man diese Wärmeverluste durch die molekulare Verdampfungswärme dividiert. Der Rücklauf im obersten Teil der Trennsäule, der im Rücklaufkondensator erzeugt wird, betrage v_1, im mittleren v_2 und im unteren v_3, so daß die Steigung für die oberste Gerade $v_1/(v_1+1)$, der mittleren $v_2/(v_2+1)$ und die der unteren $v_3/(v_3+1)$ beträgt. Diese drei Geraden sind für ein Beispiel in Abb. 30 in ein X-x-Schaubild eingetragen. Entsprechend der in jedem Kolonnenstück vorhandenen Bodenzahl sind die Stufen in der beschriebenen Weise zwischen Gleichgewichtskurve und den zugehörigen Geraden für die Verstärkungssäule mit ausgezogenen Linien eingetragen. Die der Blase wirklich zuzuführende Wärmemenge entspricht dem Rücklauf v_3. Wäre dieser Rücklauf v_3 in der ganzen Säule vorhanden, das heißt, würden keine Wärmeverluste entstehen, so werden die auf den mittleren und oberen Böden erzielten Anreicherungen größer. Es wird daher bei gleicher Zusammensetzung der Blasenfüllung und gleicher Bodenzahl ohne Wärmeverluste eine höhere Destillatzusammensetzung erreicht werden. Um dies zu zeigen, ist in Abb. 30 der Verlauf der Zusammensetzungen für den Rücklauf v_3 und die gleiche Bodenzahl und gleiche Zusammensetzung der Blasenfüllung x_B mit gestrichelten Linien eingetragen, wobei sich die Destillatzusammensetzung x_D' ergibt, während sie in der Kolonne mit Wärmeverlusten nur x_D beträgt. Bei gleicher Destillatzusammensetzung würde man mit einer

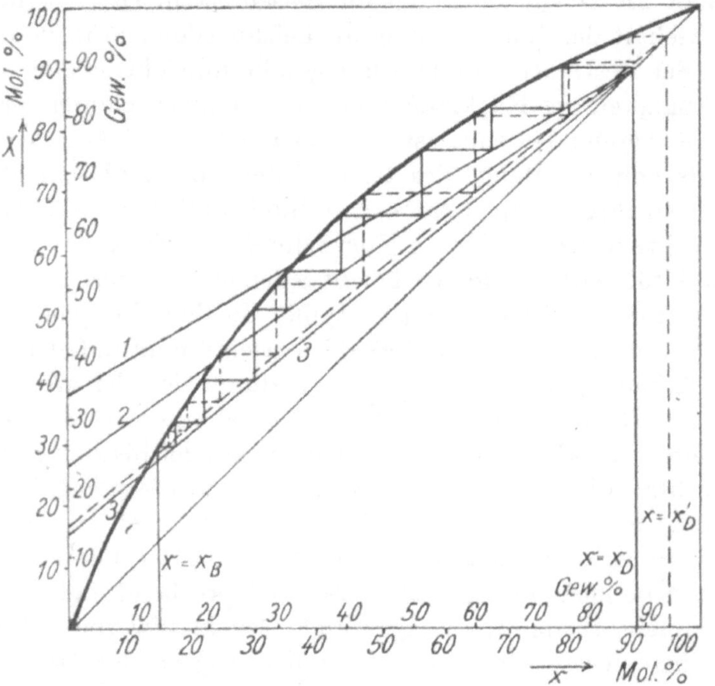

Abb. 30. Einfluß der Wärmeverluste.

Kolonne ohne Wärmeverluste mit einer geringeren Bodenzahl auskommen. Bei gleicher Bodenzahl und gleicher Destillatzusammensetzung wie in einer Kolonne mit Wärmeverlusten würde man mit einem geringeren Rücklauf arbeiten können als wie in einer Kolonne mit Wärmeverlusten. Auf jeden Fall ergibt sich, daß Wärmeverluste aus der Säule vermieden werden müssen.

9. Das Temperaturschaubild.

Außer dem bisher allein verwendeten X-x-Schaubild läßt sich auch ein System mit den Temperaturen als Ordinaten und den Zusammensetzungen als Abszissen mit Vorteil verwenden. Auch hier werden dieselben Annahmen gemacht wie vorher. Ein Beispiel in Abb. 31 zeigt die Anwendung des Temperaturschaubilds auf die Ermittlung des Verlaufs der Zusammensetzungen auf den Böden einer Trennsäule. Als Abszisse ist der Gehalt an Leichtsiedendem in Gew.-% und Mol.-%, als Ordinate die Temperatur aufgetragen. Die untere ausgezogene Kurve ist die Siedekurve, die obere, gestrichelte Kurve ist die Kondensationskurve. Die nach Gleichung (35) verlaufende Gerade für die Verstärkungssäule ist in dem an der rechten Seite des Schaubilds befindlichen Maßstab für den gegebenen Rücklauf und die gegebene Destillatzusammensetzung aufgezeichnet. In verschiedenen Punkten der Siedekurve ist von der Temperaturachse ab parallel zur Abszissenachse die dem betreffenden Punkt der Siedekurve entsprechende Ordinate der Geraden für die Verstärkungssäule eingetragen, wodurch die zwischen Siede- und Kondensationskurve verlaufende gekrümmte Kurve erhalten wird. Zeichnerisch kann dies durch Ziehen der Linienzüge *abcd* erfolgen. Die so erhaltene Hilfskurve gibt dann mit ihrer Abszisse die Dampfzusammensetzung in einem beliebigen Querschnitt zwischen zwei übereinanderliegenden Böden an, die dem im gleichen Querschnitt herabströmenden Rücklauf entspricht. Da wieder die Annahme gemacht ist, daß der Kondensator keine verstärkende Wirkung ausübt, hat der Dampf, der vom obersten Boden aufsteigt, die gleiche Zusammensetzung wie das Destillat und wird daher durch Punkt 2 gekennzeichnet, der die gleiche Abszisse x_D hat wie der Schnittpunkt der Siedekurve mit der zwischen den beiden Kurven ver-

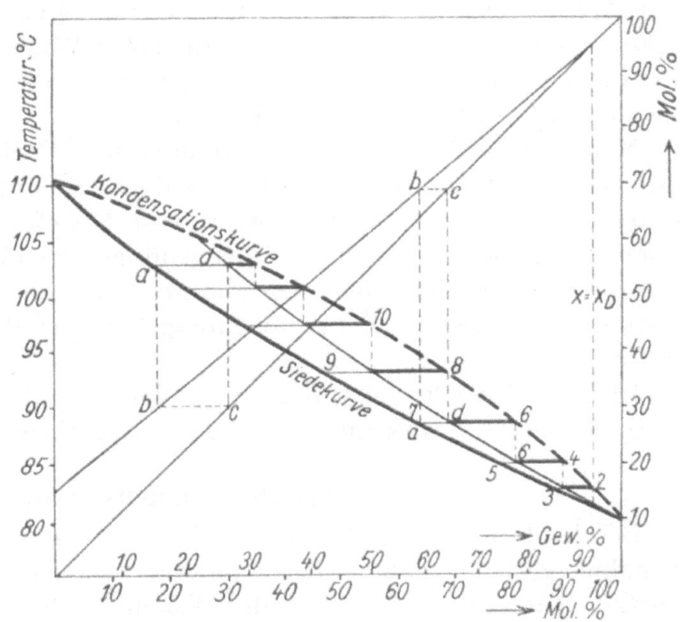

Abb. 31. Temperaturschaubild für eine Verstärkungssäule.

laufenden Hilfskurve. Die Abszisse eines Punkts auf der Siedekurve gibt die bei der Temperatur t vorhandene Zusammensetzung der Flüssigkeit an, die Abszisse des zur gleichen Temperatur gehörigen Punkts auf der Kondensationskurve die Zusammensetzung des mit dieser Flüssigkeit im Phasengleichgewicht befindlichen Dampfs. Nach Annahme steht der dem Punkt 2 auf Abb. 31 entsprechende Dampf mit der auf den nächsten Boden strömenden Flüssigkeit im Gleichgewicht. Diese ist daher durch den auf der Siedekurve liegenden Punkt 3 gegeben. Der im gleichen Querschnitt wie diese Flüssigkeit aufsteigende Dampf wird entsprechend dem angegebenen Verfahren durch den Schnittpunkt der durch Punkt 3 gehenden Parallelen zur Abszissenachse mit der Hilfskurve durch Punkt 4 erhalten. Der Dampf 4 steht mit der Flüssigkeit 5 im Gleichgewicht. Die Abszisse von 6 ergibt sich wie vorher durch den Schnittpunkt mit der Hilfskurve. In dieser Weise fährt man entsprechend der vorhandenen Bodenzahl fort, wobei immer die geraden Zahlen Dämpfe, die ungeraden Flüssigkeiten bedeuten.

Mit diesem Schaubild erhält man ohne jede Rechnung für eine bestimmte Trennung und einen gegebenen Rücklauf gleichzeitig die Dampf- und Flüssigkeitszusammensetzungen in Gew.-% und Mol.-%, die sich theoretisch auf jedem Boden einstellen, und die zugehörigen Temperaturen. Auch in dem Temperaturschaubild lassen sich alle im X-x-Schaubild abgeleiteten Gesetze bestätigen, was jedoch hier nicht durchgeführt sei, da sich dabei nichts Neues ergibt.

Dieses Schaubild zeigt den Weg, der zur Lösung und Verfolgung der Vorgänge in einer Kolonne bei der Trennung eines ternären Gemischs führt.

10. Die Kondensation.

Bei der Bestimmung der Bodenzahl der Verstärkungssäule war immer die Annahme gemacht, daß der Rücklaufkondensator keine verstärkende Wirkung besitzt. Tatsächlich findet in den Kondensatoren eine meist sehr geringe Verstärkung im Gehalt an Leichtsiedendem statt, was in den dargestellten Schaubildern dadurch berücksichtigt werden kann, daß die den Böden der Verstärkungssäule entsprechenden Stufen nicht bei $x = x_D$, sondern infolge der Verstärkungswirkung des Rücklaufkondensators in einem anderen Punkt beginnen. Wie groß die durch Kondensation bewirkte Änderung der Dampfzusammensetzung tatsächlich ist, hängt in der Hauptsache von der Bauart und den Temperaturverhältnissen ab, was sich jedoch schwer durch theoretische Betrachtungen verfolgen läßt. Wohl aber lassen sich einige Grenzfälle darstellen, zwischen denen die Vorgänge im Kondensator sich wirklich abspielen.

Die geringste Änderung der Dampfzusammensetzung bei der Kondensation tritt dann ein, wenn die Kühlung so stark ist, daß das an den Kühlflächen niedergeschlagene Kondensat schnell tief unter die Kondensationstemperatur unterkühlt wird, so daß ein Ausgleich im Gehalt an Leichtsiedendem unmöglich gemacht wird. Im Grenzfall hätte dann das Kondensat die gleiche Zusammensetzung wie der Dampf. Dieser Fall läßt sich nicht vollständig verwirklichen, da das Kondensat sich nicht so schnell abführen läßt, daß Teile von ihm durch den nachströmenden Dampf wieder auf Siedetemperatur gebracht werden und Dampf mit einem höheren Gehalt an Leichtsiedendem abgeben.

Man hat sich nämlich den Kondensationsvorgang etwa in folgender Weise vorzustellen. An eine gekühlte Fläche ströme eine Dampfmenge G_1 mit der Temperatur t_1 und dem Gehalt an Leichtsiedendem X_1. Dieser Dampf wird so, wie er an die Kühlfläche gelangt, niedergeschlagen. Das erste Kondensat, das sich zunächst bildet, hat auch die Zusammensetzung des Dampfs X_1 (Abb. 32). Diese Flüssigkeit mit der Zusammensetzung X_1 hat aber die Siedetemperatur t_2, die kleiner ist als die Dampftemperatur t_1. Da nun das Kondensat durch die Wärmeabgabe an die Kühlfläche sofort unter die Temperatur t_1 gekühlt wird, ist zwischen dem Dampf und der bereits auf der Kühlfläche niedergeschlagenen Flüssigkeit ein Temperaturunterschied vorhanden, der einen Wärmeübergang vom Dampf auf das bereits gebildete Kondensat ermöglicht. Dies hat zur Folge, daß ein kleiner Teil des Kondensats wieder erwärmt wird und verdampft. Dieser neue Dampf hat aber den viel höheren Gehalt an Leichtsiedendem x_2. Er mischt sich mit dem nachströmenden Dampf mit der Zusammensetzung X_1, was zur Folge hat, daß der Restdampf G_r beim Verlassen der Kühlfläche einen höheren Gehalt an Leichtsiedendem X_r hat als der ursprünglich an die Kühlfläche geführte Dampf G_1. Das Kondensat auf der Kühlfläche erhält dabei einen geringeren Gehalt an Leichtsiedendem, dem wieder eine höhere Siedetemperatur entspricht, so daß der Wiederverdampfungsvorgang nachlassen würde, wenn für den Ablauf des Niederschlags nicht gesorgt wäre. Hat das Kondensat, dessen Menge g betrage, die Zusammensetzung x, so muß die Beziehung

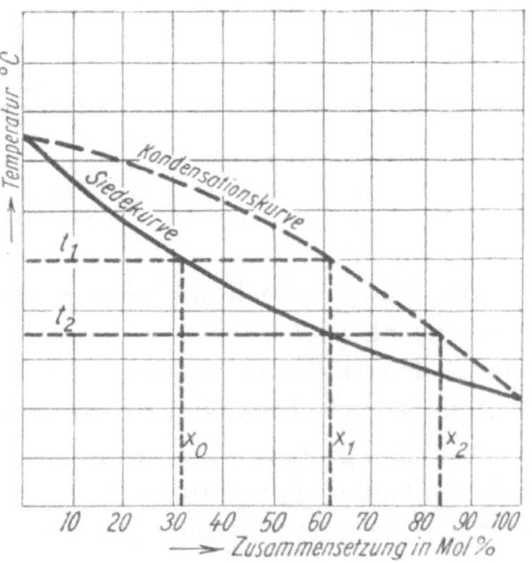

Abb. 32. Temperaturverhältnisse bei der Kondensation.

$$G_1 X_1 = g x + G_r X_r \tag{40}$$

immer erfüllt sein. Nach dieser Betrachtung muß also die Zusammensetzung des Restdampfs X_r immer zwischen X_1 und x_2 liegen. Der Grenzfall für die Anreicherung, den man sich dabei denken kann, wäre der, daß der ganze Restdampf die Zusammensetzung $X_r = x_2$ hätte, was dem Gleichgewicht mit der Flüssigkeitszusammensetzung x_1 entsprechen würde.

Die Möglichkeit, daß ein Teil des Niederschlags auf der Kühlfläche wieder verdampft, ist um so mehr vorhanden, je weniger stark die Kühlwirkung ist, je geringer also der Temperaturunterschied zwischen Dampf und Oberfläche der Kühlelemente ist, weil sonst der Niederschlag zu sehr unterkühlt würde, so daß ein Wiederverdampfen in nur ganz geringem Umfang stattfinden könnte.

Von Bedeutung für die Verstärkungswirkung durch Kondensation ist aber auch die Art und Weise, mit der das gebildete Kondensat abgeführt wird. Die größte Anreicherung an Leichtsiedendem im Restdampf würde man erhalten, wenn man das Kondensat, sobald es das Leichtsiedende abgegeben hat und die der Dampfzusammensetzung entsprechende Gleichgewichtszusammensetzung erlangt hat, sofort entfernt und mit dem so gebildeten Dampf denselben Vorgang sich wiederholen ließe. Mit den gewählten Bezeichnungen erhält man, wenn ein Niederschlag dG die Änderung der Dampfzusammensetzung dX zur Folge hat, folgende Beziehung:

$$XG = (G - dG)(X - dX) + x\,dG\,. \tag{41}$$

Die Menge an Leichtsiedendem im Dampf bei Beginn der Kondensation ist gleich der bei Beendigung der Kondensation und der im Kondensat. Hieraus erhält man:

$$\frac{dG}{G} = -dX\frac{1}{X - x},$$

$$ln\frac{G_2}{G_1} = -\int_{X_1}^{X_2}\frac{dX}{X - x}\,. \tag{42}$$

Auch diese Gleichung kann man nur zeichnerisch lösen, da X und x durch die Gleichgewichtskurve gegeben sind, für die keine analytischen Gesetze vorhanden sind. Es kommen auch derartige hohe Anreicherungen, wie sie sich dabei errechnen ließen, in keinem Kondensator vor.

Um eine größere Verstärkungswirkung zu erzielen, kann man den Kondensator so bauen, daß er außer als Kondensator gleichzeitig ähnlich wie eine Füllkörpersäule wirkt, indem man Flüssigkeit und Dampf an den Kühlflächen im Gegenstrom zueinander führt. Oft werden, um die Anreicherung noch zu erhöhen, besondere Einbauten vorgesehen, zum Beispiel derart, daß man die Flüssigkeit über stufenartig angeordnete Platten laufen läßt, um eine den Trennsäulen ähnliche Wirkungsweise zu erhalten. Sicher ist, daß man die gleiche Trennwirkung mit einem etwas geringeren Wärmeaufwand erhalten könnte, wenn man einige Böden mehr für die Verstärkungssäule aufwenden würde. Derartige Kondensatoren bezeichnet man auch als gemischte Kondensatoren, weil sie sowohl die Kondensation als auch die Gegenstromwirkung zur Verstärkung der Dämpfe im Gehalt an Leichtsiedendem benutzen. In der Spiritusindustrie werden sie Dephlegmatoren genannt.

11. Die Sublimation.

Manche feste Stoffe haben bei Temperaturen unterhalb ihres dem Gesamtdruck entsprechenden Schmelzpunkts bereits so hohe Dampfdrucke, daß die Destillation durch Wärmezufuhr möglich ist, ohne daß der Stoff ganz in den flüssigen Zustand überführt wird. Diese Stoffe gehen auch bei Abkühlung von dem dampfförmigen Zustand unmittelbar in den festen über. Dieser Vorgang wird Sublimation genannt und dient meist zur Reinigung eines Stoffes von anderen Bestandteilen, die nicht flüchtig sind und nicht sublimieren. Da bei der Sublimation der Übergang aus dem festen in den dampfförmigen Zustand ohne den Umweg über die Flüssigkeit erfolgt, sind dem festen Stoff nur die Schmelz- und die Verdampfungswärme, nicht die Flüssigkeitswärme zuzuführen.

Ein Sublimierapparat besteht ähnlich wie ein einfacher Destillierapparat aus der Sublimierblase und der Sublimiervorlage. Der zu sublimierende Stoff wird in dünner Schicht auf der beheizten, möglichst ebengestalteten Blasenfläche ausgebreitet. Durch die Berührung mit der erwärmten Fläche verwandelt sich der feste Stoff in Dampfform, so daß allmählich andere feste Teilchen an die beheizte Fläche gelangen. Die bei der Sublimation sich ausscheidenden, nicht flüchtigen Verunreinigungen bilden eine isolierende Schicht, die den Fortgang der Sublimation erschwert. Man arbeitet daher nur mit dünnen Schichten und verwendet oft noch ein Rührwerk, damit keine örtlichen Überhitzungen eintreten, die zu Zersetzungen führen können. In dieser Hinsicht ist auch die Anwendung eines besonderen Wärmeüberträgers, z. B. eines Sand- oder Ölbades, von Vorteil.

Die Vorlage muß einen Rauminhalt haben, der mehrmals so groß ist wie der der Blase. Die Form der Vorlage ist meist die eines langgestreckten, wagerechten Zylinders, an dessen Wänden der sublimierte Stoff sich ansetzt. Die Kühlung erfolgt entweder nur durch die Wärmeabgabe an die Außenluft oder auch durch wassergekühlte Flächen. Je schroffer die Kühlwirkung ist, um so feinkörniger wird das Erzeugnis. Die Kühlflächen müssen einer leichten Reinigung zugänglich sein, weshalb Röhrenkühler wenig brauchbar sind. Bisweilen werden kalte Gase in die Vorlage geblasen, um die Kühlwirkung zu beschleunigen. Diese Kühlgase können auch, nachdem sie sich erwärmt haben, über einen besonderen Kühler geführt werden und dann im Kreislauf in die Vorlage zurückgelangen.

Ebenso wie bei der Destillation kann auch bei der Sublimation die Temperatur durch Zuführung eines anderen Gases oder durch Wasserdampf gesenkt werden. Bei der Wasserdampfsublimation ist der Wärmeverbrauch sehr erheblich. Die Zuführung von Luft oder eines anderen Gases in die Vorlage beschleunigt die Sublimation, so daß sie oft verwendet wird. Bisweilen wird auch die ganze Apparatur unter Luftleere gesetzt, was jedoch eine umständliche Einrichtung bedingt.

Als Beispiele von Stoffen, die in der Technik durch Sublimation gereinigt werden, seien genannt: Benzoesäure, Salicylsäure, Campher, Pyrogallol, Rohjod, Naphthalin und viele in der Farbenindustrie gebrauchte Zwischenerzeugnisse.

III. Die ununterbrochen arbeitenden Apparate.

1. Der Verlauf der Zusammensetzungen in der Kolonne.

Die ununterbrochen arbeitenden Apparate bestehen aus zwei Säulen, von denen die obere zur Anreicherung an Leichtsiedendem, die untere zur Entfernung des Leichtsiedenden aus dem Flüssigkeitsgemisch dient. Die obere Säule soll als Verstärkungssäule, die untere als Abtriebssäule bezeichnet werden. Beide Säulen werden vielfach übereinandergestellt, so daß sie eine einheitliche Kolonne bilden, der das zu trennende Flüssigkeitsgemisch in einer bestimmten Höhe ununterbrochen zugeführt wird. Die Wärme zur Erzeugung des aufsteigenden Dampfs wird dem Unterteil der Abtriebssäule zugeführt, aus dem gleichzeitig der Ablauf ständig abgelassen wird. Der auf den obersten Boden der Verstärkungssäule fließende Rücklauf wird in einem besonderen Rücklaufkondensator erzeugt. Der Restdampf, der das Destillat bildet, wird in einem Destillatkühler niedergeschlagen. Für einen ununterbrochen arbeitenden Apparat ergibt sich also das in Abb. 33 dargestellte Bild.

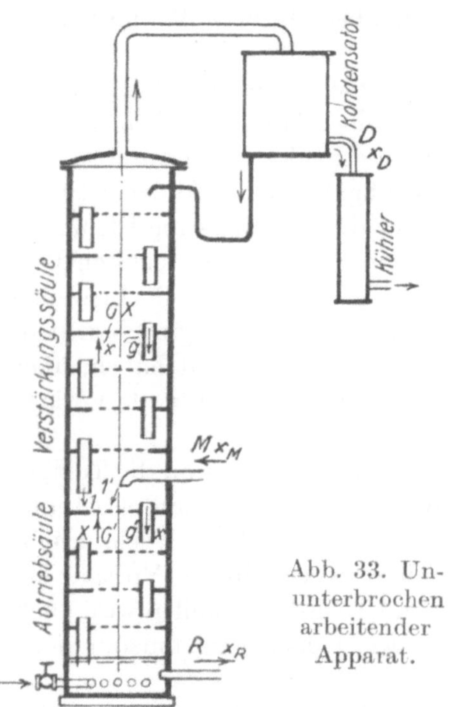

Abb. 33. Ununterbrochen arbeitender Apparat.

Die sich auf die Abtriebssäule beziehenden Größen sollen durch einen Strich über dem Buchstaben gekennzeichnet werden. Es seien ferner folgende Bezeichnungen gewählt:

M = zugeführte Mischung in Molen/Zeiteinheit,
x_M = Gehalt an Leichtsiedendem in der zugeführten Mischung in Mol.-%,
R = Ablauf in Molen/Zeiteinheit,
x_R = Gehalt an Leichtsiedendem im Ablauf in Mol.-%,
n = Bodenzahl der Verstärkungssäule,
m = Bodenzahl der Abtriebssäule.

Die früher für die Trennsäule eines absatzweise arbeitenden Apparats aufgestellte Gleichung (34) bleibt unverändert für die Verstärkungssäule eines ununterbrochen arbeitenden Destillierapparats bestehen.

In ähnlicher Weise ergeben sich für einen Querschnitt zwischen zwei beliebigen Böden in der Abtriebssäule:

$$g' = G' + R\,, \tag{43}$$

$$g'\,x' = X'G' + R\,x_R\,. \tag{44}$$

Hieraus ergibt sich für die Abtriebssäule:

$$x' = \frac{(g' - R)}{g'}\,X' + \frac{R}{g'}\,x_R\,. \tag{45}$$

Es soll vorläufig die Annahme gemacht werden, daß die Flüssigkeitsmischung M mit Siedetemperatur zugeführt werde, und daß der Rücklaufkondensator keine verstärkende Wirkung habe. Der Wärmeinhalt des in der Verstärkungssäule aufsteigenden Dampfs muß dem des in der Abtriebssäule aufsteigenden Dampfs gleich sein. Es ist daher:

$$G = G'\,. \tag{46}$$

Wie sich aus Abb. 33 ergibt, muß ferner sein:

$$g' = M + g\,, \tag{47}$$

$$M = R + D\,. \tag{48}$$

Hiermit ergibt sich:

$$x' = \frac{(g + D)}{(M + g)}\,X' + \frac{(M - D)}{(M + g)}\,x_R\,. \tag{49}$$

Da alle Größen in Molen für die gleiche Zeiteinheit ausgedrückt sind und daher als unveränderlich angesehen werden können, stellt auch diese Gleichung eine Gerade dar, die den Anstieg $(M + g)/(g + D)$ hat und die Diagonale eines X-x-Schaubilds mit der Abszisse $x = x_R$ schneidet.

Die Gerade für die Verstärkungssäule und die Gerade für die Abtriebssäule müssen sich an einer Stelle schneiden, die, wie sich leicht errechnen läßt, durch folgende Beziehung gegeben ist:

$$x = \frac{D\,x_D + (M - D)\,x_R}{M}\,. \tag{50}$$

Da $M = R + D$ und ebenso $Mx_M = Rx_R + Dx_D$ ist, ergibt sich für die Abszisse des Schnittpunkts der beiden Geraden, die die Beziehungen zwischen Flüssigkeits- und Dampfzusammensetzungen in beliebigen Querschnitten der Abtriebs- und Verstärkungssäule angeben:

$$x = x_M\,.$$

Da meist außer der Destillatmenge D die Zusammensetzungen x_M, x_R und x_D gegeben sind, ergibt sich aus den obigen Gleichungen die Menge der zugeführten Flüssigkeitsmischung M durch die Beziehung:

$$M = D\,\frac{x_D - x_R}{x_M - x_R}\,. \tag{51}$$

Setzt man wieder $g/D = v$ und $M/D = u$, so ergibt sich aus Gleichung (49)

$$x' = \frac{v + 1}{u + v}\,X' + \frac{u - 1}{u + v}\,x_R\,. \tag{52}$$

Die Flüssigkeits- und Dampfzusammensetzungen zwischen zwei beliebigen Böden der Abtriebssäule hängen also nur von der Zusammensetzung des Ablaufs x_R und den Verhältnissen u und v ab.

Die Geraden nach Gleichung (35) und (52) sind für ein Beispiel auf Abb. 34 für Verstärkungs- und Abtriebssäule in ein X-x-Schaubild eingetragen. Nach Gleichung (51) verhält sich:

$$\frac{M}{D} = \frac{CA}{AB}. \tag{53}$$

Wählt man einen Maßstab so, daß die Strecke AB ein Mol darstellt, so gibt die Strecke AC die zugeführte Mischung in Molen und die Strecke BC den Ablauf in Molen an, die für ein Mol Destillat sich ergeben.

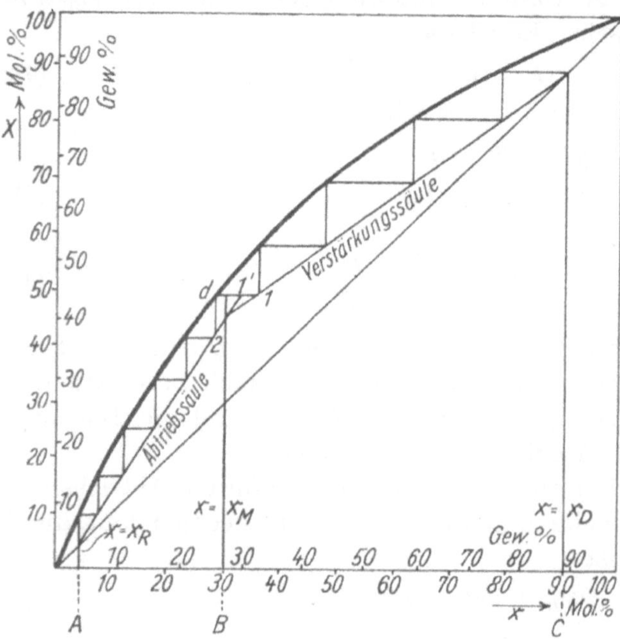

Abb. 34. Zusammensetzungen in einem ununterbrochen arbeitenden Apparate.

Für eine bestimmte Trennsäule, die n Böden in der Verstärkungs- und m Böden in der Abtriebssäule habe, ist mit dem Rücklaufverhältnis v die Steigung der Geraden nach Gleichung (35) für die Verstärkungssäule und mit den Verhältnissen u und v die Steigung der Geraden nach Gleichung (52) für die Abtriebssäule gegeben. Ihr Schnittpunkt ist durch die Zusammensetzung der zugeführten Flüssigkeitsmischung x_M bestimmt. Hierdurch sind x_D und x_R unabhängig von den Bodenzahlen n und m in Abhängigkeit voneinander gebracht. Wird x_D größer, so muß bei gegebenen Werten von u, v und x_M die Zusammensetzung x_R kleiner werden. Nimmt der Gehalt an Leichtsiedendem im Ablauf zu, so muß, wenn u, v und x_M festgelegt sind, der Gehalt an Leichtsiedendem im Destillat sinken. Wird also zur Erzeugung der Destillatmenge D in der gewählten Zeiteinheit die Rücklaufmenge g angewendet und die Mischung M mit der Zusammensetzung x_M zugeführt, so kann nur eine der beiden Zusammensetzungen x_D und x_R durch die Konstruktion der Trennsäule beeinflußt werden; die andere ist damit festgelegt. Sollte auch diese einen anderen Wert erhalten, so muß der Rücklauf oder die Menge der in der Zeiteinheit zugeführten Mischung M geändert werden. Wie x_D sich im Betrieb einstellt, hängt demnach bei gegebenen Werten von u, v und x_M nur von den Bodenzahlen n und m ab.

Nach dem vorher beschriebenen Verfahren muß x_D bei gegebenen Werten von u, v und x_M so groß werden, daß sich zwischen der Gleichgewichtskurve und der Geraden nach Gleichung (35) für die Verstärkungssäule von dem Schnittpunkt dieser Geraden mit der Diagonalen des X-x-Schaubilds die Stufenzahl n einzeichnen läßt und von dem hierdurch erhaltenen Punkt d (Abb. 34), der die Zusammensetzung des Dampfes angibt, der sich von dem obersten Boden der Abtriebssäule erhebt, bis zur Abszisse des Schnittpunkts der Geraden nach Gleichung (52) für die Abtriebssäule zwischen dieser Geraden und der Gleichgewichtskurve die Stufenzahl m entsprechend der Bodenzahl der Abtriebssäule eintragen läßt. Aus dem X-x-Schaubild lassen sich dann alle Zusammensetzungen an jeder Stelle der Trennsäule bestimmen.

2. Die Zusammensetzung der Flüssigkeit auf dem Einlaufboden.

Die Zusammensetzung des aus der Verstärkungssäule auf den Einlaufboden für die zu trennende Flüssigkeitsmischung fließenden Rücklaufs ist auf Abb. 34 durch Punkt 1, die des von dem Einlaufboden auf den nächsten unteren Boden der Abtriebssäule fließenden Rücklaufs durch Punkt 2 gegeben. Es soll jetzt die Zusammensetzung der auf den Einlaufboden strömenden Flüssigkeit bestimmt werden, die durch 1′ bezeichnet werden möge.

Das Flüssigkeitsgemisch auf dem Einlaufboden ist aus dem Rücklauf g aus der Verstärkungssäule mit der Zusammensetzung x_1 und der zugeführten Flüssigkeit M mit der Zusammensetzung x_M entstanden. Bezeichnet man die Zusammensetzung der Flüssigkeit auf dem Einlaufboden mit x_1', so ergibt sich die Mischungsgleichung:

$$g x_1 + M x_M = (g + M) x_1'. \tag{54}$$

Aus den beiden Gleichungen

$$M = R + D\,,$$
$$M x_M = R x_R + D x_D$$

erhält man:

$$M x_M - D x_D = (M - D) x_R\,.$$

Diese Gleichung wird von der obigen Mischungsgleichung abgezogen und beide Seiten durch $(g + D)$ dividiert. Es ergibt sich dann:

$$\frac{g x_1}{g + D} + \frac{D x_D}{g + D} = \frac{(g + M)}{g + D} x_1' - \frac{(M - D)}{g + D} x_R\,. \tag{55}$$

Die linke Seite dieser Beziehung ist nach Gleichung (34) die Zusammensetzung des aus der Abtriebssäule aufsteigenden Dampfes, die durch einen auf der nach dieser Gleichung verlaufenden Geraden liegenden Punkt mit der Ordinate des Punktes d und der Abszisse x_1 dargestellt wird. Die rechte Seite der obigen Gleichung stellt einen auf der nach Gleichung (49) verlaufenden Geraden liegenden Punkt dar, der die Ordinate der Dampfzusammensetzung über dem Einlaufboden X_1 und die Abszisse x_1' hat. Es ergibt sich also daraus, daß die Zusammensetzung x_1' der auf den Einlaufboden strömenden Flüssigkeit stets durch den Schnittpunkt der Geraden für die Abtriebssäule mit der durch die Dampfzusammensetzung über dem Einlaufboden gegebenen Parallelen zur Abszissenachse bestimmt ist. In dem Schaubild auf Abb. 34 wird sie durch Punkt 1′ dargestellt.

Die Zusammensetzung der Flüssigkeit auf dem Einlaufboden kann bei gleichem Gehalt der zuzuführenden Mischung an Leichtsiedendem x_M, je nachdem sie gebaut ist und betrieben wird, schwanken. Der untere Grenzwert, den die Flüssigkeit auf dem Einlaufboden erreichen kann, wenn sie mit Siedetemperatur zugeführt wird, ist durch den Schnittpunkt der Geraden nach Gleichung (52) mit einer Parallelen zur Abszissenachse gegeben, die durch den Schnittpunkt der Geraden nach Gleichung (35) für die Verstärkungssäule mit der Gleichgewichtskurve gezogen ist, und ist in Abb. 35 durch Punkt A gegeben. Er würde bei einer Kolonne mit unendlich vielen Böden in der Verstärkungssäule und einer endlichen Bodenzahl in der Abtriebssäule oder angenähert auch dann eintreten, wenn die Einlaufstelle für die zugeführte Flüssigkeit in einer sonst richtig gebauten Kolonne zu tief angeordnet ist. Der theoretisch größte Unterschied, der zum Beispiel bei der Trennung von Äthylalkohol-Wasser-Gemischen zwischen der Zusammensetzung der zugeführten Flüssigkeitsmischung und der Flüssigkeit auf dem Einlaufboden auftreten kann, steigt langsam, wie sich leicht ermitteln läßt, mit zunehmendem Rücklauf an, und zwar um so stärker, je größer der Gehalt an Leichtsiedendem in der zugeführten Flüssigkeitsmischung ist.

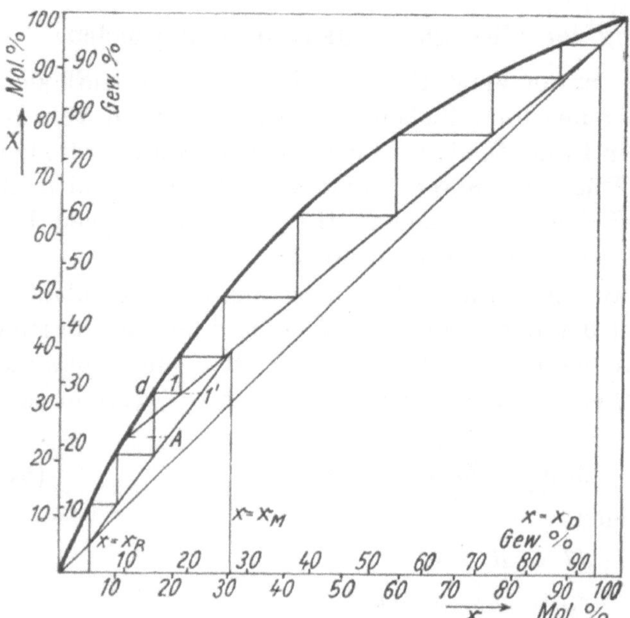

Abb. 35. Zusammensetzungen bei zu hoher Bodenzahl der Verstärkungssäule.

Der obere Grenzwert, den die Flüssigkeit mit ihrer Zusammensetzung auf dem Einlaufboden erreichen kann, wenn die Flüssigkeitsmischung mit Siedetemperatur zugeführt wird, ist durch den Schnittpunkt der Geraden nach Gleichung (52) für die Abtriebssäule mit der Gleichgewichtskurve gegeben und ist in Abb. 36 durch Punkt B gekennzeichnet. Er kann in einer Kolonne mit unendlich vielen Böden in der Abtriebssäule und einer endlichen Bodenzahl in der Verstärkungssäule oder angenähert auch dann eintreten, wenn die Einlaufstelle für die zuzuführende Flüssigkeit M zu hoch angeordnet ist. Der theoretisch größte Unterschied, der zum Beispiel bei der Trennung von Äthylalkohol-Wasser-Gemischen zwischen der Zusammensetzung der zugeführten

Flüssigkeitsmischung x_M und der der Flüssigkeit auf dem Einlaufboden eintreten kann, steigt stark mit zunehmender Rücklaufwärme an.

Im ersten Fall, wenn also die Einlaufstelle zu tief angeordnet ist, ist der Gehalt der Flüssigkeit auf dem Einlaufboden an Leichtsiedendem x_1 größer als der des Rücklaufs aus der Verstärkungssäule und kleiner als der der zugeführten Mischung x_M. Im zweiten Fall — bei zu hoch angeordneter Einlaufstelle — ist x_1 größer als x_M und kleiner als der Gehalt an Leichtsiedendem im Rücklauf x_1.

In beiden durch Abb. 35 und 36 dargestellten Fällen arbeitet die Trennsäule nicht mit größter Wirtschaftlichkeit, das heißt, es wird mit der gegebenen Bodenzahl und der aufgewendeten Rücklaufwärme nicht die größtmögliche Trennung erzielt. Dies kann nur dann der Fall sein, wenn auf jedem einzelnen Boden die größtmögliche Anreicherung an Leichtsiedendem erzielt wird, das heißt, wenn in einem X-x-Schaubild alle Stufen zwischen Gleichgewichtskurve und den Geraden nach Gleichung (35) und (52) für Verstärkungs- und Abtriebssäule so groß wie möglich werden. Aus dem Vergleich der in Abb. 34, 35 und 36 dargestellten Schaubilder folgt, daß die größte Anreicherung auf jedem Boden nur unter den in Abb. 34 gegebenen Bedingungen erfolgen kann, also dann, wenn der Gehalt an Leichtsiedendem in der zugeführten Flüssigkeit x_M zwischen dem durch die Abszisse des Punktes d gekennzeichneten Gehalt an Leichtsiedendem in dem von dem Einlaufboden strömenden Rücklauf und dem Gehalt der auf ihn fallenden Flüssigkeit liegt. Der Gehalt der Flüssigkeit auf dem Einlaufboden gibt daher, je nachdem, ob er dieser Bedingung folgt oder mehr oder weniger sich den oben festgesetzten Grenzwerten nähert, einen Anhaltspunkt, ob die Trennsäule bezüglich der Bodenzahlen richtig gebaut ist.

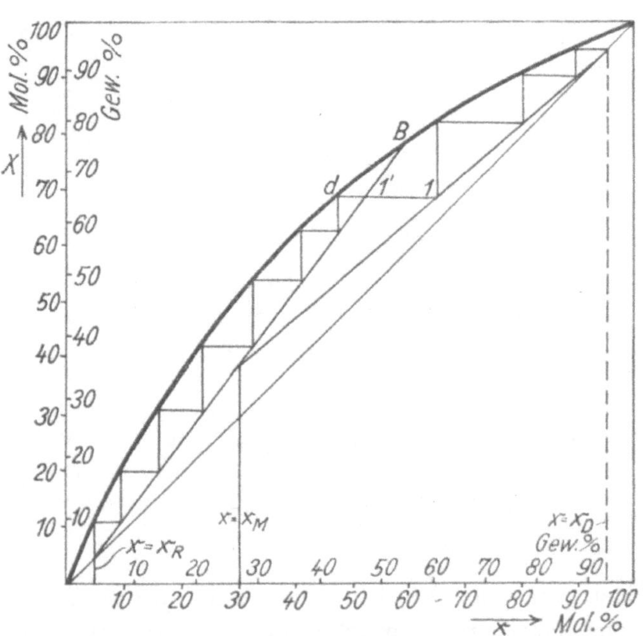

Abb. 36. Zusammensetzungen bei zu hoher Bodenzahl der Abtriebssäule.

Eine Kolonne kann aber nicht nur infolge falscher Bauweise, wie es mit den Abb. 35 und 36 gezeigt war, sondern auch infolge fehlerhafter Betriebsweise unwirtschaftlich arbeiten. Es soll deshalb hier untersucht werden, was eintritt, wenn bei gleicher Zusammensetzung der zugeführten Flüssigkeit x_M und gleichem Rücklauf v die Menge der zuzuführenden Mischung M geändert wird.

Ist die einer Trennsäule zugeführte Flüssigkeitsmenge zu gering, also auch das Verhältnis M/D zu klein, so sinkt der Gehalt an Leichtsiedendem im Destillat x_D, gleichzeitig vermindert sich auch der Gehalt im Ablauf x_R, was in einem Beispiel auf Abb. 37 mit ausgezogenen Linien dargestellt sei. Auch hier erreicht die Anreicherung auf jedem Boden, besonders auf den untersten Böden der Verstärkungssäule nicht den höchsten Wert, der möglich wäre. Der entgegengesetzte Fall ist für dieselbe Trennsäule und gleiche Werte von x_M und v in derselben Abbildung mit gestrichelten Linien dargestellt. Hier ist das Verhältnis M/D zu groß und die obersten Böden der Abtriebssäule werden schlecht ausgenutzt. Der Gehalt im Ablauf ist dadurch stark gestiegen, aber auch der Gehalt im Destillat hat sich etwas vergrößert. Die weitestgehende Trennung wird aber in beiden Fällen nicht erzielt, sondern diese wird etwa dann erreicht sein, wenn das Verhältnis M/D ungefähr zwischen den beiden auf Abb. 37 mit gestrichelten und ausgezogenen Linien dargestellten Fällen liegt.

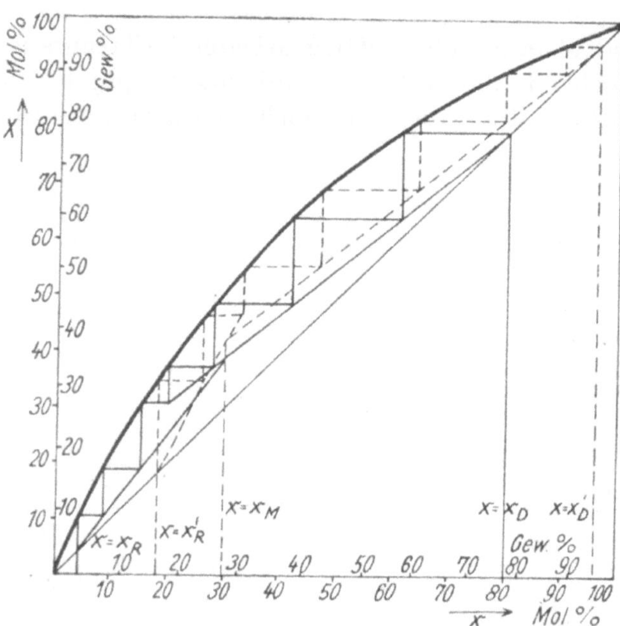

Abb. 37. Einfluß einer Veränderung der zugeführten Flüssigkeitsmenge.

Bei gegebenen Werten von v und x_M darf also einer Trennsäule, wenn sie so wirtschaftlich wie möglich arbeiten soll, nur eine ganz bestimmte Flüssigkeitsmenge zugeführt werden.

Zusammenfassend ergibt sich also: Eine Trennsäule, in der mit dem Rücklauf v die Trennung eines Gemisches von der Zusammensetzung x_M vorgenommen werden soll, arbeitet dann am vollkommensten, wenn die Bodenzahlen m und n so groß sind, daß x_M zwischen den Zusammensetzungen der vom und auf den Einlaufboden strömenden Flüssigkeiten liegt. Dies tritt im Betrieb jedoch nur dann ein, wenn das Verhältnis M/D, für das die Kolonne gebaut ist, genau eingehalten wird.

3. Der Wärmebedarf.

Der größte Teil des Wärmebedarfs eines ununterbrochen arbeitenden Apparates wird meist für die Erzeugung des zur Trennung notwendigen Rücklaufs gebraucht. Dieser kann in allen Kolonnen zwischen einem endlichen Geringstwert und einem unendlich großen Wert liegen. Hierbei sei wieder daran erinnert, daß der Rücklauf immer auf eine bestimmte Destillatmenge D

bezogen ist. Ein unendlich großer Rücklauf ist also auch dann vorhanden, wenn die Destillatmenge Null ist, das heißt, wenn der ganze vom obersten Boden der Verstärkungssäule aufsteigende Dampf allein im Rücklaufkondensatorniedergeschlagenwird, so daß in den Destillatkühler nichts gelangt. In diesem Fall erreicht die für eine bestimmte Trennung notwendige Bodenzahl einen endlichen Geringstwert. Im X-x-Schaubild fallen die Geraden für Abtriebs- und Verstärkungssäule mit der Diagonalen des Schaubildes zusammen.

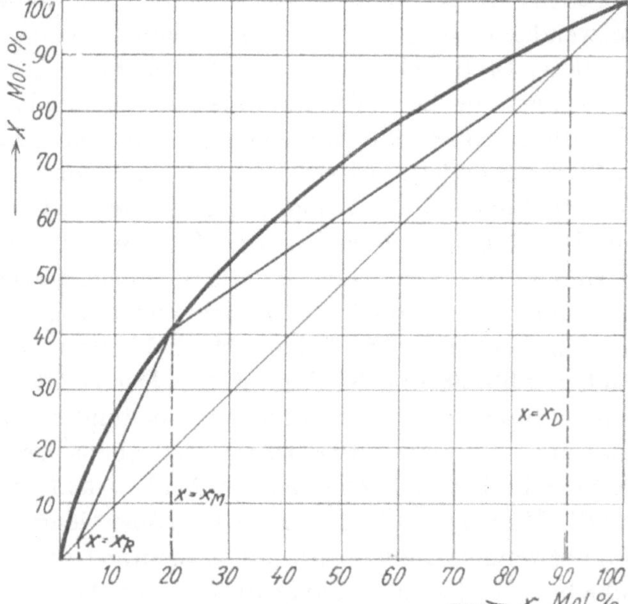

Abb. 38. Geringste Rücklaufwärme, Fall I.

Der theoretisch geringste Rücklauf ist nur in einer Kolonne mit unendlich vielen Böden möglich. Es gibt zwei Möglichkeiten, bei denen dieser Fall eintreten kann. Einmal kann der Schnittpunkt der Geraden für die Verstärkungssäule mit der für die Abtriebssäule, der für den Fall, daß die Mischung mit Siedetemperatur zugeführt wird, im X-x-Schaubild bei $x = x_M$ liegt, auf der Gleichgewichtskurve liegen (Fall I). Hierbei ist die Zusammensetzung des aus dem untersten Boden der Verstärkungssäule fließenden Rücklaufs gleich der Zusammensetzung der zugeführten Mischung x_M. Ebenso ist auch die Zusammensetzung des vom obersten Boden der Abtriebssäule fließenden Rücklaufs gleich x_M. In den Böden in der Nähe des Einlaufbodens wird also keine Anreicherung erzielt, so daß die entsprechenden Kolonnenstücke unendlich hoch anzunehmen wären. Die zweite Möglichkeit, bei der die Mindestrücklaufwärme erreicht wird, tritt dann

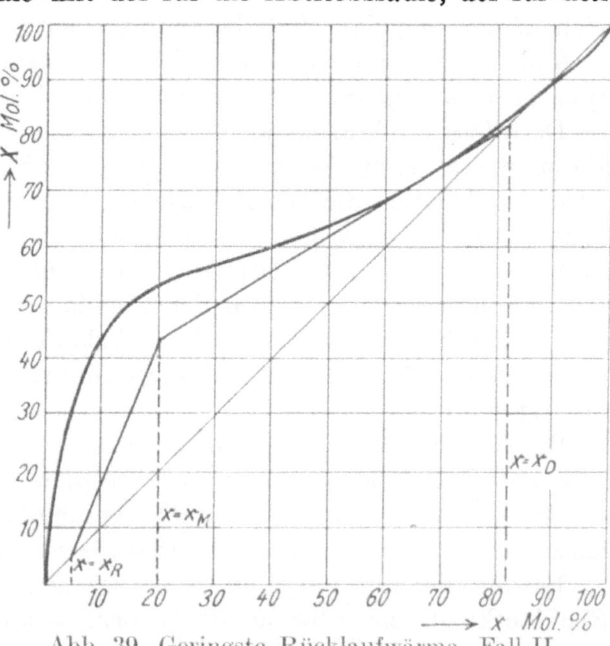

Abb. 39. Geringste Rücklaufwärme, Fall II.

ein, wenn eine der Geraden für die Abtriebs- oder Verstärkungssäule die Gleichgewichtskurve berührt (Fall II). Nähert sich nämlich eine dieser Geraden im X-x-Schaubild der Gleichgewichtskurve, so werden die der notwendigen Bodenzahl entsprechenden Stufen sehr klein und ihre Anzahl an dieser Stelle sehr groß. Berührt eine der Geraden für Abtriebs- oder Verstärkungssäule die Gleichgewichtskurve, so wird hier die notwendige Bodenzahl unendlich groß. Eine Anreicherung von Boden zu Boden wird an dieser Stelle nicht mehr erzielt. Dieser Fall tritt insbesondere dann ein, wenn die Gleichgewichtskurve einen Wendepunkt besitzt, wie es zum Beispiel bei dem Gemisch Äthylalkohol-Wasser der Fall ist. Bei diesem Gemisch berührt die Gerade für die Verstärkungssäule die Gleichgewichtskurve, wenn die Mindestrücklaufwärme erreicht ist, aber nur dann, wenn die Destillatzusammensetzung hoch ist. Die beiden Möglichkeiten für die Mindestrücklaufwärmen sind in Abb. 38 und 39 dargestellt. Der Größe nach ist die Mindestrücklaufwärme für einen ununterbrochen arbeitenden Apparat bei gleicher Destillatzusammensetzung und Destillatmenge ebenso groß wie die eines absatzweise arbeitenden. Die wirklich aufzuwendende Rücklaufwärme ist immer etwas größer als die Mindestrücklaufwärme. Je größer sie gewählt wird, um so kleiner wird die notwendige Bodenzahl, um so niedriger und billiger die ganze Anlage. Eine sehr hohe Kolonne ist daher durch hohe Anlage- und niedrige Betriebskosten, eine sehr niedrige Kolonne durch höhere Betriebs- und geringere Anlagekosten gekennzeichnet. Für die auszuführende Bauart und die Bemessung des Wärmebedarfs ergibt sich demnach ein Mittelweg, bei dem die aus Anlage- und Betriebskosten sich zusammensetzenden Gesamtkosten einen Geringstwert erreichen, der in jedem Fall besonders ermittelt werden muß.

Außer der Rücklaufwärme sind in einem ununterbrochen arbeitenden Apparat noch folgende Wärmemengen aufzubringen: die Verdampfungswärme des Destillats, die Wärmemenge zum Anwärmen der zugeführten Mischung auf Siedetemperatur, die Nachwärmung der zugeführten Mischung auf die Temperatur des Ablaufs, die Wärmeverluste. Die Berücksichtigung einer Wärmemenge zum Nachwärmen des Rücklaufs ist, wie sich aus Gleichung (33) ergibt, nicht notwendig. Der Gesamtwärmebedarf wird meist dadurch erheblich vermindert, daß ein Teil der Rücklaufwärme im Rücklaufkondensator oder der Wärmeinhalt des heißen Ablaufs in einem besonderen Wärmeaustauscher zur Vorwärmung der zuzuführenden Mischung auf Siedetemperatur benutzt wird.

Beispiel: Es ist der Wärmebedarf eines ununterbrochen arbeitenden Destillier- und Rektifizierapparates zu berechnen, der Spiritus über 94 Gew.-% aus Maische von 9 Gew.-% und 20° Anfangstemperatur erzeugt. Die Bodenzahlen seien für das Rücklaufverhältnis $v = 5$ gewählt.

Es soll alles auf 100 kg Maische bezogen werden. Die Maische werde im Rücklaufkondensator bis auf 70° C vorgewärmt, so daß bei etwa 78° C Dampftemperatur im Rücklaufkondensator eine kleinste Temperaturdifferenz von 8° C vorhanden ist.

$$100 \text{ kg Maische ergeben: } 9 + \frac{9 \cdot 6}{94} = 9{,}575 \text{ kg Destillat,}$$

Verdampfungswärme des Destillats/kg = 226 WE,
Verdampfungswärme des Destillats = 9,575 · 226 = 2160 WE,
Rücklaufwärme/100 kg Maische = 5 · 2160 = 10800 WE,
spezifische Wärme der Maische = 1,01 WE/kg °C,
Wärmemenge zum Vorwärmen der Maische im Rücklaufkühler = 1,01 (70 — 20) 100 = 5050 WE,
Siedetemperatur auf dem Einlaufboden = 92° C,
Wärmemenge zum Nachwärmen der Maische auf dem Einlaufboden = 1,01 (92—70) 100 = 2220 WE.
Im Rücklaufkondensator durch Kühlwasser zu entziehende Wärmemenge = 10800 — 5050 = 5750 WE,
Wärmemenge zum Nachwärmen der Maische auf die Ablauftemperatur von 100° C = 1 (100 — 92) 100 = 800 WE,
Die Wärmeverluste werden auf 320 WE geschätzt.
Zusammenfassend ergibt sich demnach für den Gesamtwärmeverbrauch:

Destillat	2160	
Rücklauf	10800	
Vorwärmung.	2220	
Nachwärmung	800	
Verluste	320	
Summe	16300 WE	Gesamtwärmeverbrauch/100 kg Maische.

Die Heizung des Apparates erfolgt durch Wasserdampf, der in das Unterteil der Abtriebssäule eingeblasen wird. Verdampfungswärme des Heizdampfes = 538 WE.

Dampfverbrauch des Apparates für 100 kg Maische $= \frac{16300}{538} = 30$ kg.

4. Einfluß der Temperatur der zugeführten Flüssigkeit.

Die vorhergehenden Betrachtungen waren alle unter der Voraussetzung aufgestellt, daß die zugeführte Flüssigkeitsmischung sich auf Siedetemperatur befinde. Diese Einschränkung soll im folgenden fallen gelassen werden. Tritt die Flüssigkeitsmischung nicht mit Siedetemperatur zu, so muß sie durch den von unten auf den Einlaufboden steigenden Dampf auf Siedetemperatur erwärmt werden. Der Rücklauf unter dem Einlaufboden muß also größer sein, als wenn die eintretende Mischung Siedetemperatur hätte. Dies kann, wie es zuerst von Thiele und McCabe (Ind. and Eng. Chemistry 1925, Nr. 6) vorgeschlagen wurde, berücksichtigt werden, indem man M mit einem Beiwert q multipliziert, der sich aus folgender Formel ergibt: $q = I'/r$. (56)

Hierin ist:

I' = gesamte Wärme, um ein Mol der zugeführten Mischung in Dampf zu verwandeln,

r = latente Verdampfungswärme eines Mols in WE.

Es sei ferner:

i' = Flüssigkeitswärme der zugeführten Mischung bei Siedetemperatur,

i_r = Flüssigkeitswärme der zugeführten Mischung bei Raumtemperatur.

Der Grenzwert, den q erreichen kann, wird in der Regel dann gegeben sein, wenn die Flüssigkeitsmischung M mit Raumtemperatur zugeführt wird. Für diesen Fall erhält man für q den Wert:

$$q = \frac{r + i' - i_r}{r}. \tag{57}$$

q ist immer größer als 1, wenn die Flüssigkeitsmischung unter der Siedetemperatur eingeführt wird. Der Rücklauf in der Abtriebssäule wird dann $= g' = g + qM$. Aus den oben bereits abgeleiteten Gleichungen ergibt sich dann für den geometrischen Ort des Schnittpunktes der Geraden für die Abtriebs- und Verstärkungssäule:

$$q x - (q - 1) X = x_M. \tag{58}$$

Diese Gleichung stellt eine Gerade dar, die die Diagonale eines X-x-Schaubildes in dem Werte $X = x = x_M$ und die Abszissenachse im Punkte $x = x_M/q$ schneidet.

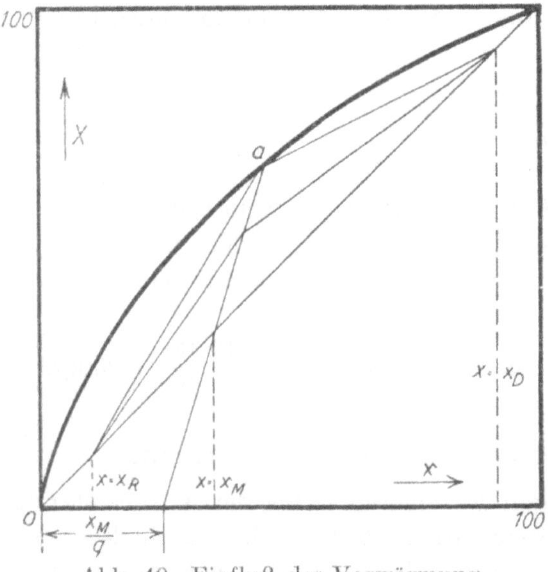

Abb. 40. Einfluß der Vorwärmung.

Wird der Rücklauf unendlich groß, so ist auch hier die für eine bestimmte Trennung notwendige Bodenzahl durch die zwischen Gleichgewichtskurve und Diagonale im X-x-Schaubild einzuzeichnenden Stufen gegeben. Der Mindestrücklauf bestimmt sich, wenn die zugeführte Mischung nicht mit Siedetemperatur eintritt, in ähnlicher Weise wie vorher, wo die zugeführte Flüssigkeit Siedetemperatur hatte. Für das auf Abb. 40 dargestellte Beispiel ist daher der Mindestrücklauf durch den Punkt a festgelegt.

Wie sich aus Abb. 40 ohne weiteres ergibt, tritt dann, wenn das Gemisch M nicht mit Siedetemperatur in die Kolonne geführt wird, auf dem Einlaufboden immer eine Anreicherung an Leichtsiedendem ein. Diese Verstärkung im Gehalt an Leichtsiedendem ist um so größer, je größer die noch bis zur Siedetemperatur zuzuführende Wärmemenge ist, je geringer also die Vorwärmung ist, da dann die Strecke x_M/q bei gleicher Zusammensetzung x_M kleiner wird. Mit zunehmendem Rücklauf nimmt die Anreicherung an Leichtsiedendem auf dem Einlaufboden infolge unvollständiger Vorwärmung der zugeführten Flüssigkeit M ab.

Führt man die Flüssigkeitsmischung M nicht mit Siedetemperatur zu, so sind die Vorgänge in der Kolonne genau so, als ob das Flüssigkeitsgemisch bei gleichem Rücklauf mit Siedetemperatur und höherem Gehalt an Leichtsiedendem, als dem wirklichen Wert x_M entspricht, in den Apparat geführt wird. Bei gleichem Rücklauf wird die Trennsäule daher, wenn das Flüssigkeitsgemisch nicht mit Siedetemperatur zugeführt wird, eine etwas bessere Wirkung ergeben, wenn sie für die höhere Zusammensetzung des Gemischs richtig bezüglich der Bodenzahlen gebaut ist.

Von Interesse ist noch der Fall, daß $q = 0$ wird. In diesem Fall wird das zu trennende Flüssigkeitsgemisch in Dampfform in den Apparat geführt, ein Verfahren, von dem man zum Beispiel bei den zweiteiligen Apparaten der Spiritusindustrie Gebrauch macht. Ist $q = 0$, so ist der geometrische Ort für den Schnittpunkt der Geraden für Abtriebs- und Verstärkungssäule im X-x-Schaubild eine Parallele zur Abszissenachse, die die Diagonale des Schaubilds bei $X = x = x_M$ schneidet.

5. Der Durchmesser der Säulen.

Der Wirkungsgrad der Böden, der einen Anhalt für die Beurteilung der Verstärkungswirkung bietet, hängt von der Dampfgeschwindigkeit ab, deren richtige Bemessung daher von größter Bedeutung ist. Ist die Dampfgeschwindigkeit beim Durchtritt durch die Flüssigkeitsschicht zu klein, so wird die höchstmögliche Anreicherung nicht erzielt, weil die Flüssigkeit nicht genügend bewegt und durchgewirbelt wird; ist sie zu groß, so kommt der Dampf mit der Flüssigkeit nicht in genügende Berührung. Bei einer ganz bestimmten Geschwindigkeit arbeitet also die Kolonne am günstigsten. Da es schwierig ist, die Dampfgeschwindigkeiten, die beim Durchtritt der Blasen durch die Flüssigkeitsschicht auftreten, zu bestimmen, bezieht man die Dampfgeschwindigkeit besser auf den ganzen Säulenquerschnitt, wobei man für diese Werte erhält, die geringer sind als die Geschwindigkeiten der Blasen beim Durchgang durch die Flüssigkeit. Diese mittlere Dampfgeschwindigkeit, die also auf den ganzen Querschnitt bezogen sei und mit c bezeichnet werden möge, beträgt für Säulen mit Böden etwa 0,3—0,6 m/sek. Die höheren Werte sind insbesondere für Siebböden zulässig. Im Vakuum werden auch noch höhere Dampfgeschwindigkeiten angewendet.

Beträgt die Destillatmenge/sek. in kg $= D'$, das Molekulargewicht des Destillats $= M$, so ergibt sich die Destillatmenge/sek. in Molen $D = D'/M$. Es sei t die Siedetemperatur des Destillats in Grad C, p der mittlere Druck in der Säule in Millimeter QS. und v das Rücklaufverhältnis, mit dem die Trennung ausgeführt wird. Man erhält dann den Querschnitt der Säule in Quadratmetern aus der Beziehung:

$$F = \frac{D\,22{,}4\,(273 + t)\,735\,(v + 1)}{c\,273\,p}. \tag{59}$$

Vielfach wird der oberste Teil der Verstärkungssäule mit kleinerem Durchmesser ausgeführt, so daß dort die Dampfgeschwindigkeiten größer sind. Am besten scheint es zu sein, den Durchmesser der Säule in allen Teilen unverändert zu lassen, denn nach Gleichung (33) ist der molare Rücklauf und daher auch das Dampfvolumen in der ganzen Säule nahezu unverändert.

6. Die Berechnung der Bodenzahlen.

Es kann für manche Fälle erwünscht sein, alle Größen für eine bestimmte Trennung durch eine Formel so zu verbinden, daß eine Größe, zum Beispiel die notwendige Bodenzahl, aus den anderen errechnet werden kann. Aus dem Vorhergehenden ergibt sich, daß als Veränderliche in dieser Formel vorkommen müssen: die Zusammensetzung des Dampfs, der oben die Kolonne verläßt, oder die Zusammensetzung des Destillats x_D, wenn man die Annahme macht, daß der Rücklaufkondensator keine verstärkende Wirkung hat, die Zusammensetzung des Dampfs, der unten in die Trennsäule tritt, oder die der Flüssigkeit, aus der dieser entstand, das Gesetz, dem die Gleichgewichtskurve folgt: $X_g = f(x)$, die Rücklaufwärme oder das Rücklaufverhältnis v und die Zahl der Böden, mit der die Trennung ausgeführt werden soll. Da die anderen Größen meist bekannt sind, soll für die Zahl der Böden, die theoretisch notwendig sind, eine Formel aufgestellt werden.

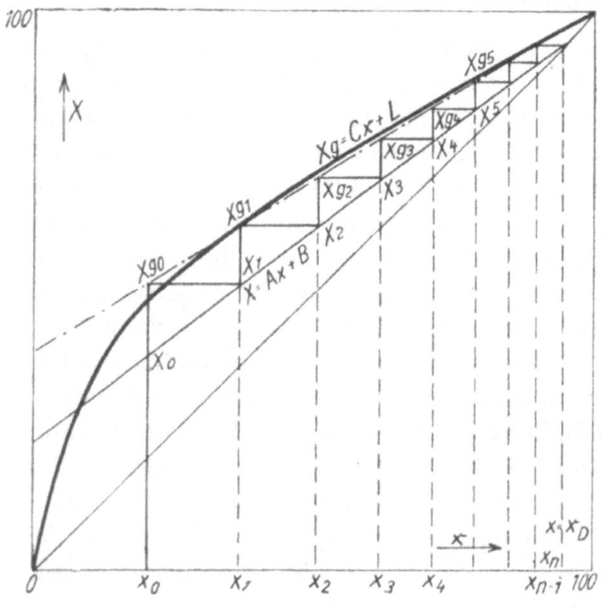

Abb. 41. Schaubild für Verstärkungssäule.

Schwierigkeiten entstehen dadurch, daß für das Gesetz, dem die Gleichgewichtskurve folgt, analytische Formeln nicht bekannt sind. Betrachtet man jedoch eine größere Zahl von Gleichgewichtskurven, so ergibt sich, daß der obere und untere Teil oft fast geradlinig verläuft, so daß man ihn durch eine Gerade ersetzen könnte. Bei der Durchführung der angegebenen Verfahren zeigt sich ferner, daß die meisten Stufen für den obersten und untersten Teil der Gleichgewichtskurve, also gerade dort gebraucht werden, wo die Gleichgewichtskurve mit größerer Genauigkeit nach einer Geraden verläuft und in dem Bereich, wo die Kurve stark gekrümmt ist, nur sehr wenige Stufen vorhanden sind. Es erscheint daher für viele Fälle zulässig, für einen begrenzten Bereich die in Mol.-% gegebene Gleichgewichtskurve durch eine Gerade zu ersetzen, deren Gleichung:

$$X_g = Cx + L \qquad (60)$$

sei, wo C und L durch die Gleichgewichtskurve bestimmte Unveränderliche sind. Die Gerade nach Gleichung (35) für die Verstärkungssäule hat die Form

$$X = Ax + B \qquad (61)$$

wo $A = v/(v+1)$ und $B = x_D/(v+1)$ ist.

Auf Abb. 41 ist der obere Teil der Gleichgewichtskurve $X_g = f(x)$ durch eine Gerade ersetzt. Die Zusammensetzung der Flüssigkeit, aus der der unten in die Kolonne strömende Dampf entstanden ist, sei x, die des Rücklaufs vom untersten Boden der Säule x_1, die des Rücklaufs vom zweiten von unten gerechnet x_2 usw. bis x_n, das die Zusammensetzung auf dem obersten, dem n-ten Boden angibt. Die übrigen Bezeichnungen sind entsprechend gewählt und in Abb. 41 eingetragen. Es ist dann:

$$X_{go} = C x_o + L\,,$$

$$X_1 = C x_o + L = A x_1 + B\,,$$

$$x_1 = \frac{C x_o + L - B}{A}\,,$$

$$x_2 = \frac{C^2 x_o + C(L-B) + A(L-B)}{A^2}\,,$$

$$x_3 = \frac{C^3 x_o + C^2(L-B) + AC(L-B) + A^2(L-B)}{A^3}\,,$$

$$x_4 = \frac{C^4 x_o + C^3(L-B) + AC^2(L-B) + CA^2(L-B) + A^3(L-B)}{A^4}\,,$$

$$x_4 = \frac{C^4}{A^4}\,x_o + (L-B)\,\frac{C^3}{A^4}\,\frac{\left(1-\left(\frac{A}{C}\right)^4\right)}{\left(1-\frac{A}{C}\right)}\,.$$

Zur Vereinfachung werde bezeichnet:

$$K = \frac{C}{A}\,, \qquad N = \frac{L-B}{C-A}\,.$$

Hiermit ergibt sich:

$$x_4 = K^4 x_o + N(K^4 - 1)\,.$$

Bezeichnet man den obersten Boden der Verstärkungssäule mit n, so erhält man für $x = x_D$ die Bodenzahl, die zur Trennung theoretisch notwendig ist:

$$n = \frac{\log \frac{x_D + N}{x_o + N}}{\log K}\,. \tag{62}$$

In ähnlicher Weise ergibt sich für den unteren Teil der Gleichgewichtskurve, der angenähert nach der Geraden $X_g = Ex + F$ verlaufen möge, wenn die Gerade nach Gleichung (52) für die Abtriebssäule durch $X = Gx + H$ ausgedrückt wird, die Bodenzahl für die Abtriebssäule:

$$m = \frac{\log \frac{x_R + N'}{x_M + N'}}{\log K'}\,. \tag{63}$$

Hierin ist: $K' = G/E$ und $N' = \dfrac{H - F}{G - E}$.

Beispiel: Für Methylalkohol-Wasser-Gemische ergibt sich für den obersten Teil der Gleichgewichtskurve: $L = 60$, $C = 0{,}4$. Angenommen: Rücklaufwärme = 500 WE für 1 kg Methylalkohol von 99 Gew.-% = 98,2 Mol.-%, $x_0 = 22{,}5$ Gew.-% = 14 Mol.-%, Verdampfungswärme des Destillats = 231 WE/kg, Rücklaufverhältnis $v = 500/231 = 2{,}16$.

$$A = v/(v + 1) = 0{,}683,$$
$$B = 98{,}2/(v + 1) = 31{,}0,$$
$$N = (L - B)/(C - A) = -102{,}3.$$

Hiermit erhält man die Bodenzahl aus Gleichung (62): $n = 6$. Wenn auch die hier zur Berechnung der Bodenzahlen gebrachten Gleichungen nicht für alle Fälle anwendbar sind, so zeigt doch ihr Bau, von welchen Größen und in welcher Weise die Bodenzahl ungefähr von diesen abhängt.

7. Die wiederholte Ausnutzung der Wärme.

Es liegt nahe, auch mit den Destillier- und Rektifizierapparaten eine mehrfache Ausnutzung der Wärme zu erstreben, wie es ähnlich mit den Mehrfachverdampfern erreicht wird, wo der Brüdendampf des einen Verdampfkörpers zur Beheizung des nächsten Körpers dient. Man könnte vielleicht an die unmittelbare Verwendung eines derartigen Mehrkörperverdampfers zur Destillation denken. Da jeder Verdampfkörper dabei einem Boden der Verstärkungssäule entspricht, müßten für eine Trennung sehr viele Körper verwendet werden, so daß die Destillation in einer Säule viel einfacher wird.

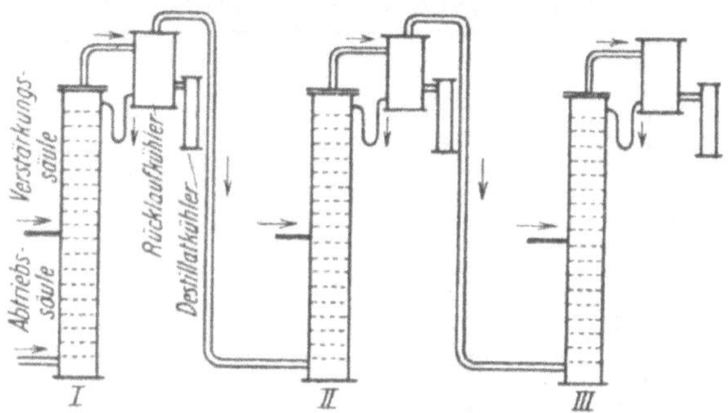

Abb. 42. Mehrfache Wärmeausnutzung mit ununterbrochen arbeitenden Apparaten.

Es wäre ferner möglich, mehrere Kolonnen oder Blasenapparate bezüglich ihrer Beheizung hintereinander zu schalten, wie es schematisch in Abb. 42 für drei Kolonnen dargestellt ist. Der Rücklaufkühler jeder Kolonne verdampft Wasser, das als Heizmittel für die nächste Kolonne mittel- oder unmittelbar verwendet wird, so daß die Rücklaufwärme vollständig ausgenutzt wird. Die Vorwärmung der zugeführten Mischung müßte durch den heißen Ablauf in besonderen Wärmeaustauschern erfolgen. Bezüglich des Destillationsvorgangs sind die Kolonnen parallel geschaltet. In jeder Kolonne wird die Mischung in gleicher Zusammensetzung auf den Einlaufboden geleitet. Destillat und Ablauf haben in allen Kolonnen bei gleicher Bauweise nahezu die gleichen Zusammensetzungen. Die Nachteile dieser Anordnung, die ihre allgemeine Ausführung unmöglich machen, sind folgende. Die Temperaturdifferenz zwischen dem Heizdampf einer Säule und dem im Rücklaufkondensator ist mindestens gleich dem Siedepunktsunterschied zwischen Ablauf und Destillat. Hierzu tritt noch der zum Wärmeübergang im Rücklaufkühler notwendige Temperaturunterschied, der mindestens etwa 3—5° betragen muß. Aus dem gesamten Temperaturgefälle ergibt sich von Kolonne zu Kolonne ein großer Druckunterschied. Die vordersten Säulen arbeiten mit hohem Druck, was wegen des ungünstigen Einflusses der hohen Temperatur auf das Destillationsgut meist unerwünscht ist. Zudem verteuern sich die Baukosten der Apparate durch die höheren Drucke erheblich, weil die Wandstärken der Apparate stärker werden, zumal vielfach teure Apparatebaustoffe wie Kupfer, Aluminium, Blei usw. verwendet werden müssen. Oft zeigt es sich ferner, daß die Widerstandsfähigkeit mancher Apparatebaustoffe gegen chemische Angriffe vieler Stoffe mit zunehmender Temperatur sinkt.

Dadurch, daß die Kolonnen in ihrer Wärmeversorgung hintereinander geschaltet sind, sind sie auch in ihrem Betrieb voneinander abhängig. Eine Störung in einer Kolonne, die besonders in der vordersten und der letzten auftreten kann, macht sich sofort auch in allen anderen bemerkbar, so daß Verluste an Destillationsgut gleichzeitig in allen Kolonnen auftreten können. Es war gezeigt, wie leicht in einer einzelnen Kolonne bereits Verluste im Ablauf eintreten können. Diese Schwierigkeiten steigen bei der Verwendung mehrerer gekoppelter Kolonnen.

Das gesamte Temperaturgefälle für alle Säulen kann so gelegt werden, daß die letzte Säule mit Atmosphärendruck oder, wie es in der Regel erforderlich wäre, unter Luftleere arbeitet. Im letzteren Fall sind noch umfangreiche Einrichtungen zur Kondensation und besonders auch zur Vermeidung von Destillatdampfverlusten in der ausgestoßenen Pumpenluft notwendig, was nur mit guten Kühl- oder Adsorptionseinrichtungen möglich ist.

Die Heizflächen in den Rücklaufkondensatoren werden, wenn man einen kleinen Temperaturunterschied erhalten will, sehr groß. Die von Säule zu Säule geleitete Wärmemenge nimmt infolge der Wärmeverluste nach außen, der Ableitung des Destillats, des Ablaufs und des warmen Kondenswassers vom Heizdampf in jeder Kolonne ab, so daß die Säulenleistung immer geringer wird. Hohe Anlagekosten, schwierige Betriebsbedingungen, Verluste an Destillationsgut dürften wohl immer den Vorteil der Wärmeersparnis nicht nur ausgleichen, sondern auch Mehrkosten erfordern.

Eher dürfte die Verwendung der Wärmepumpe im Destillationsbetrieb, aber auch nur in besonderen Fällen, Vorteile bringen. Es gibt hier zwei Möglichkeiten. Einmal kann der vom obersten Boden der Verstärkungssäule aufsteigende Dampf durch eine mechanische Wärmepumpe, die meist als Turbokompressor gebaut werden müßte, auf höheren Druck und entsprechende höhere Temperatur gebracht werden (Abb. 43). Dieser Dampf kann dann in einem Wärmeaustauscher W das Heizmittel für die Kolonne verdampfen, so daß die Rücklaufwärme vollständig zur Beheizung der Kolonne wieder ausgenutzt wird. Auch hier ist der große Temperaturunterschied zwischen der Dampftemperatur über dem obersten Boden und dem Ablauf nachteilig. Die dem Dampfverdichter zuzuführende mechanische Arbeit steigt mit diesem Temperaturunterschied, so daß die Anwendung des Verfahrens nur möglich ist, wenn dieser Temperaturunterschied gering ist. Wie groß der Arbeitsaufwand zur Verdichtung von 1 kg Dampf bei einem gegebenen Temperaturunterschied der gesättigten Dämpfe ist, wird am zweckmäßigsten mit Hilfe eines Entropieschaubildes festgestellt. Am besten eignet sich dazu ein System mit der Entropie als Abszisse und dem Gesamtwärmeinhalt als Ordinate, weil in diesem Schaubild die zur Verdichtung aufzuwendende Arbeit durch den zwischen den beiden gegebenen Drücken liegenden Ordinatenunterschied dargestellt wird. Dieses Entropie-Wärmeinhalt-Diagramm liegt allerdings nur für Wasserdampf sehr genau vor. Durch nichtumkehrbare Zustandsänderungen überhitzt sich das Dampfgemisch bei der Verdichtung, was allein schon in vielen Fällen die Anwendung des in Abb. 43 dargestellten Verfahrens verhindert. Zudem sind die Anlagekosten für den Verdichter, Antriebsmaschine, Wärmeaustauscher, der mit sehr großer Heizfläche ausgeführt werden muß, sehr hoch.

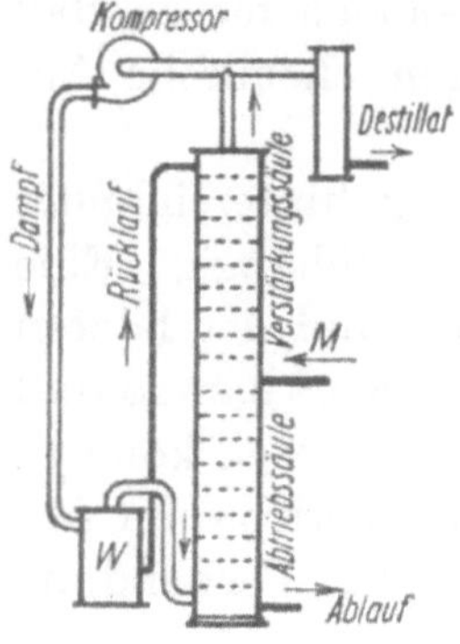

Abb. 43. Wärmepumpe mit Kompressor an einem ununterbrochen arbeitenden Apparat.

Eine zweite, aussichtsreichere Möglichkeit der wiederholten Ausnützung der Wärme mit Hilfe einer Wärmepumpe ergibt sich durch die Verwendung eines Dampfstrahlverdichters (Abb. 44). Der von dem obersten Boden der Verstärkungssäule aufsteigende Dampf wird in einem Wärmeaustauscher kondensiert, der eine der niedergeschlagenen Dampfmenge entsprechende Wassermenge verdampft. Die Temperatur dieses Wasserdampfes ist also um die zum Wärmeübergang notwendige Temperaturdifferenz kleiner als die Siedetemperatur des Destillates. Der Druck ist entsprechend geringer. Der in dem Wärmeaustauscher erzeugte Wasserdampf kann durch hochgespannten Frischdampf mit Hilfe eines Dampfstrahlverdichters angesaugt und auf einen Druck gebracht werden, der, wenn der Dampf unmittelbar in das Unterteil der Abtriebssäule eingeblasen wird, mindestens gleich dem dort vorhandenen Druck sein muß oder, wenn die Wärmeübertragung mittelbar durch Heizflächen am unteren Ende der Abtriebssäule erfolgt, einer Temperatur entspricht, die um den zur Wärmeübertragung notwendigen Betrag höher liegt als die Siedetemperatur des Ablaufs. Das Wesen des Dampfstrahlverdichters besteht darin, daß Dampf von höherer Spannung und höherem Wärmeinhalt, als sie der aus dem Rücklaufkondensator kommende, durch die Rücklaufwärme erzeugte Dampf besitzt, seine potentielle Energie in einer Düse in kinetische umsetzt, sich dann mit dem niedriggespannten Dampf aus dem Rücklaufkondensator mischt, diesem einen Teil seiner kinetischen Energie abgibt, worauf das ganze Dampfgemisch in einem Diffusor auf den gewünschten Enddruck verdichtet wird.

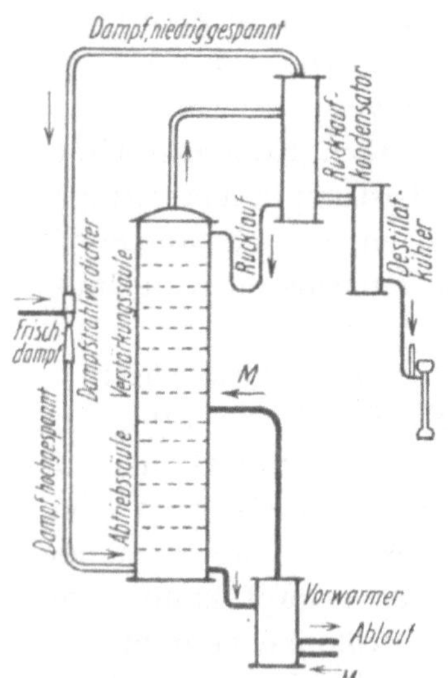

Abb. 44. Wärmepumpe mit Dampfstrahlverdichter.

Ob die Dampfstrahlverdichtung wirtschaftlich ist, muß in jedem Fall besonders untersucht werden und hängt in der Hauptsache von dem vorhandenen Frischdampfdruck und dem gesamten Temperaturgefälle in der Säule ab.

Beträgt dieses mehr als etwa 10—15°, so werden sich in vielen Fällen kaum noch Vorteile ergeben.

Das Destillationsgut wird bei diesem Verfahren nicht überhitzt. Der Kühlwasserverbrauch sinkt auf einen Geringstwert, der nicht mehr weiter verkleinert werden kann. Die Anlagekosten sind geringer als bei Verwendung einer mechanischen Wärmepumpe. Bedingung ist, daß möglichst hochgespannter Dampf zur Verfügung steht. Insbesonders also dort, wo man hochgespannten Dampf zur Beheizung der Apparate auf einen geringeren Druck abdrosselt, sollte man die Verwendung eines Dampfstrahlverdichters in Erwägung ziehen. Die bei der Drosselung vernichtete mechanische Arbeit könnte man in vielen Fällen zur Erzielung einer Wärmeersparnis mit Hilfe der thermodynamischen Wärmepumpe nützlich verwenden. Die Vorwärmung der zu trennenden Flüssigkeit kann durch den heißen Ablauf oder auch einen Teil der Destillatwärme erfolgen.

IV. Die Trennsäulen für Gemische mit mehr als zwei Bestandteilen.

1. Die Trennung ternärer Gemische.

Auch für die ternären Gemische lassen sich die in den Apparaten sich abspielenden Vorgänge genau so verfolgen wie bei den binären Gemischen. Sind von den drei Komponenten des Gemisches zwei in der dritten unlöslich, so kann man genau so verfahren, als ob es sich um die Trennung eines binären Gemischs handelte. Die Gleichgewichtskurve für das binäre Gemisch der beiden gegenseitig löslichen Komponenten verläuft infolge des mit der Temperatur veränderlichen Dampfdrucks der dritten Komponente unter veränderlichem Druck. Sind die beiden gegenseitig löslichen Bestandteile ideale Gemische, so kann die Gleichgewichtskurve nach dem durch Abb. 8 dargestellten Verfahren bestimmt werden.

Sind alle drei Bestandteile teilweise oder vollständig ineinander löslich, so muß man, um die Vorgänge in den Apparaten während der Destillation ermitteln zu können, für jede Flüssigkeitszusammensetzung die zugehörige Gleichgewichtsdampfzusammensetzung kennen. Wählt man zur Darstellung der Zusammensetzungen des ternären Gemisches wieder ein Dreieckskoordinatennetz, so müssen in diesem die Flüssigkeits- und Dampfisothermen und die Richtungslinien gegeben sein, die angeben, in welcher Richtung im Dreieckskoordinatennetz sich die Zusammensetzung bei der Verdampfung ändert, damit man zu jeder Flüssigkeitszusammensetzung die zugehörige Dampfzusammensetzung, die dem Gleichgewicht entspricht, bestimmen kann. Für die idealen ternären Gemische lassen sich diese Werte theoretisch bestimmen. Es genügt, wenn bei diesen Gemischen Siede- und Kondensationskurven (Temperaturen in Abhängigkeit von Flüssigkeits- und Dampfzusammensetzungen) der drei binären Mischungen, die sich aus den drei Komponenten des ternären Gemischs bilden lassen, gegeben sind. Mit diesen sind dann die Endpunkte der Flüssigkeits- und Dampfisothermen auf den Seiten des Dreiecksnetzes gegeben, mit deren Hilfe die Bestimmung der Gleichgewichtsdampfzusammensetzung möglich ist.

Auch die Trennung der ternären Gemische kann in absatzweise und ununterbrochen arbeitenden Apparaten erfolgen.

a) Die absatzweise arbeitenden Apparate.

Die Apparatur unterscheidet sich im wesentlichen nicht von der zur Trennung von binären Gemischen, wie sie in einem Beispiel in Abb. 20 schematisch dargestellt ist. Die Blasenfüllung habe den Gehalt x_B an der leichtsiedenden Komponente, den Gehalt y_B an der mittelsiedenden und den Gehalt $z_B = 100 - x_B - y_B$ an der schwersiedenden Komponente. Das Destillat sei durch die Zusammensetzung x_D, y_D und $z_D = 100 - x_D - y_D$ gekennzeichnet, Dann gilt für die Verstärkungssäule genau wie bei einem binären Gemisch für den in einem beliebigen Querschnitt der Trennsäule aufsteigenden Dampf G mit der Zusammensetzung X, Y, Z und den im gleichen Querschnitt heruntergehenden Rücklauf g mit der Zusammensetzung x, y und z:

$$G = g + D, \tag{64}$$

$$GX = gx + Dx_D, \tag{65}$$

$$GY = gy + Dy_D, \tag{66}$$

$$GZ = gz + Dz_D, \tag{67}$$

$$x + y + z = 100, \tag{68}$$

$$X + Y + Z = 100. \tag{69}$$

Aus diesen Beziehungen erhält man drei Gleichungen, die die Zusammensetzungen von Flüssigkeit und Dampf in jedem beliebigen wagerechten Querschnitt der Verstärkungssäule angeben:

$$X = \frac{g}{g+D} x + \frac{D}{g+D} x_D, \tag{70}$$

$$Y = \frac{g}{g+D} y + \frac{D}{g+D} y_D, \tag{71}$$

$$Z = \frac{g}{g+D} z + \frac{D}{g+D} z_D. \tag{72}$$

Wie diese Gleichungen zeigen, muß der Punkt mit den Dreieckskoordinaten x, y und z und der mit den Koordinaten X, Y und Z im Koordinatendreieck auf einer Geraden liegen, die durch den Punkt mit den Koordinaten x_D, y_D und z_D geht. Wie bereits bei der Behandlung der Apparate für binäre Gemische gezeigt, stellt jede der drei obigen Gleichungen in einem X-x-, Y-y- oder Z-z-Schaubild eine Gerade dar. Hiermit ergibt sich ein einfaches Verfahren, die Zusammensetzungen in einer Verstärkungssäule in ähnlicher Weise wie vorher bei den Gemischen mit nur zwei Komponenten zu verfolgen.

Ein Beispiel ist in Abb. 45 für ein Benzol-Toluol-*m*-Xylol-Gemisch, das in einem absatzweise arbeitenden Apparat getrennt werden soll, dargestellt. Der Benzolgehalt in der Flüssigkeit sei mit x, der im Dampf mit X in Mol.-% bezeichnet. Auf der linken Seite des Koordinatendreiecks ist ein X-x-Achsensystem angegliedert, in das die Gerade nach Gleichung (70) für die Verstärkungssäule in derselben Weise, wie früher bei den binären Gemischen, eingezeichnet ist. Die Gerade schneidet die Diagonale des X-x-Systems bei $x = x_D$ und hat auf der X-Achse einen Abschnitt $x_D/(v+1)$. In dem Beispiel (Abb. 45) ist angenommen, daß die Destillatzusammensetzung durch Punkt F und die der Blasenfüllung durch Punkt A gegeben sei. Der aus der Blase aufsteigende Dampf hat dann nach der früher angegebenen Konstruktion die durch Punkt B dargestellte Zusammensetzung. Der vom untersten Boden der Verstärkungssäule in die Blase fließende Rücklauf muß durch einen Punkt gekennzeichnet sein, der auf einer durch die Punkte B und F gehenden Geraden liegt. Der zum Punkt B gehörige X-Wert ist durch die Strecke $MN = GH$ gekennzeichnet. Nach Gleichung (70) ist das zu diesem X gehörige x durch die Strecke MG gegeben. Man erhält so durch den Punkt C die Zusammensetzung des in die Blase vom untersten Boden der Verstärkungssäule fließenden Rücklaufs. Dieser Rücklauf soll nach Annahme mit dem vom untersten Boden aufsteigenden Dampf im Gleichgewicht sein, dessen Zusammensetzung nach dem angegebenen Verfahren durch Punkt D gegeben ist. Die Zusammensetzung des vom zweiten Boden auf den untersten Boden fließenden Rücklaufs liegt auf der Geraden DF und wird durch den Linienzug DKL mit Punkt E erhalten. Der vom zweiten Boden aufsteigende Dampf hat dann die durch Punkt F

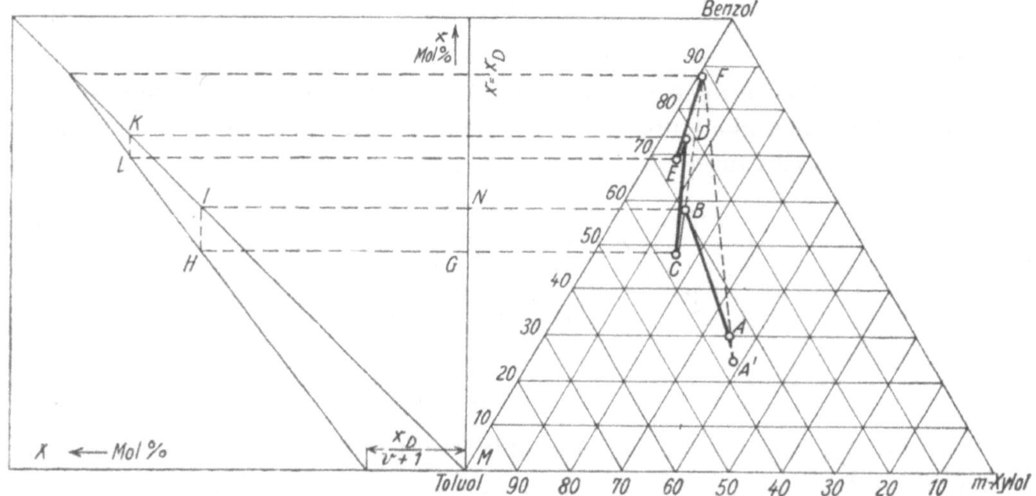

Abb. 45. Zusammensetzungen in der Verstärkungssäule bei der Destillation eines ternären Gemisches.

gekennzeichnete Zusammensetzung, die gleich der Destillatzusammensetzung ist, da wieder die Annahme gemacht ist, daß der Rücklaufkondensator keine verstärkende Wirkung ausübt. Die in Abb. 45 dargestellte Kolonne hätte demnach nur zwei Böden, was der Übersichtlichkeit wegen hier so gewählt ist. Selbstverständlich läßt sich das Verfahren auf jede beliebige Bodenzahl anwenden, wenn der Maßstab entsprechend groß gewählt wird.

Sinkt die Zusammensetzung der Blasenfüllung infolge des Destillationsvorgangs zum Beispiel auf den durch Punkt A' gegebenen Wert, so ist dasselbe Verfahren zu wiederholen. Behält man den gleichen Rücklauf unverändert bei, so daß also die X-x-Gerade für die Verstärkungssäule die gleiche Steigung hat, so muß man erst durch Probieren den neuen Wert von F suchen, da sich die Destillatzusammensetzung bei unverändertem Rücklauf ändert, wenn die Zusammensetzung der Blasenfüllung sich infolge des Destillationsvorganges ändert. Man kann aber auch hier von oben anfangen und mit der Destillatzusammensetzung beginnen, wie es bei den Kolonnen für binäre Gemische ausgeführt wurde.

Soll die Destillatzusammensetzung auch für die durch Punkt A' (Abb. 45) gegebene Zusammensetzung der Blasenfüllung sich nicht ändern, so muß der Rücklauf vergrößert werden, wodurch die Gerade nach Gleichung (70) im X-x-System steiler verläuft und die Stufen HI und LK kleiner werden, so daß der Benzolgehalt im Destillat den gleichen Wert trotz des geringeren Benzolgehaltes in der Blase behält. Wird der Rücklauf noch größer, so werden die Stücke CB und ED noch kleiner, bis sie bei unendlich großem Rücklauf, das heißt bei der Destillatmenge/Zeiteinheit = Null, ganz verschwinden, weil dann die Gerade für die Verstärkungssäule mit der Diagonalen des X-x-Systems zusammenfällt.

Der Destillationsverlauf in einer Kolonne mit unendlich großem Rücklauf ist für die Trennsäule eines absatzweise arbeitenden Apparates in Abb. 46 dargestellt. Der Punkt C (Abb. 45) fällt mit B und Punkt E mit D zusammen, so daß man hier also immer nur von jedem Punkt im Dreiecksnetz die zugehörige Gleichgewichtsdampfzusammensetzung zu suchen hat. Die erhaltenen Linien stimmen angenähert mit den Richtungslinien für die Änderung der Dampfzusammensetzung überein.

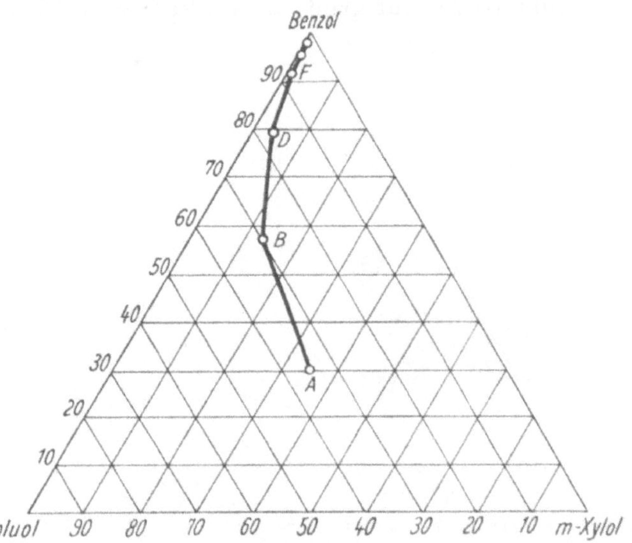

Abb. 46. Verstärkungssäule mit $v = \infty$ oder $D = 0$.

Der andere Grenzfall, der bei der Destillation eintreten kann, ist der, daß der Rücklauf seinen Mindestwert erreicht. Hierbei muß die Stufenzahl der Kolonne unendlich groß werden. Wann dieser Fall eintritt, läßt sich nicht in so einfacher Weise wie bei den Kolonnen für binäre Gemische entscheiden, sondern muß durch Probieren bestimmt werden. Auf keinen Fall kann die Bedingung, daß die Zusammensetzung des Rücklaufs in die Blase sich der Zusammensetzung der Blasenfüllung nähert, als Kennzeichen für das Eintreten der Mindestrücklaufwärme in der Kolonne angesehen werden. Ein Beispiel, in dem sich der Destillationsverlauf diesem Grenzwert nähert, ist in Abb. 47 dargestellt. Auch hier ist wieder mit A die Zusammensetzung der Blasenfüllung, mit B die des aus ihr aufsteigenden Dampfes, mit C die des Rücklaufs vom untersten Boden, mit D die Zusammensetzung des vom untersten Boden aufsteigenden Dampfes, mit E die des Rücklaufs vom zweiten auf den untersten Boden der Säule und so fort alle anderen Zusammensetzungen bezeichnet. Die Geraden CB, ED usw. gehen durch die Benzolspitze des Koordinatendreiecks, weil hier reines Benzol als Destillat angenommen ist. Die Zusammensetzungen in der Säule nähern sich zunächst auf den unteren Böden etwas dem Grenzwert für die Mindestrücklaufwärme des Benzol-Toluol-Gemisches. Der Xylolgehalt verschwindet auf den untersten Böden, bis nur ein Toluol-Benzol-Gemisch übrigbleibt, das dann, genau so wie es bei den binären Gemischen beschrieben ist, auf den oberen Böden der Säule weiter zerlegt wird.

Auch die Wärmeverluste lassen sich in der gleichen Weise wie bei den binären Gemischen berücksichtigen, indem man sich die Kolonne in mehrere Teile zerlegt denkt und für jeden eine besondere Gerade für die Verstärkungssäule im X-x-Schaubild zur Bestimmung der Zusammensetzungen der Säule im Koordinatendreieck benutzt.

Will man reines oder nahezu reines Benzol erhalten, so verläuft die Destillation in der Kolonne immer zwischen den in Abb. 46 und 47 dargestellten Linienzügen für größten und kleinsten Rücklauf.

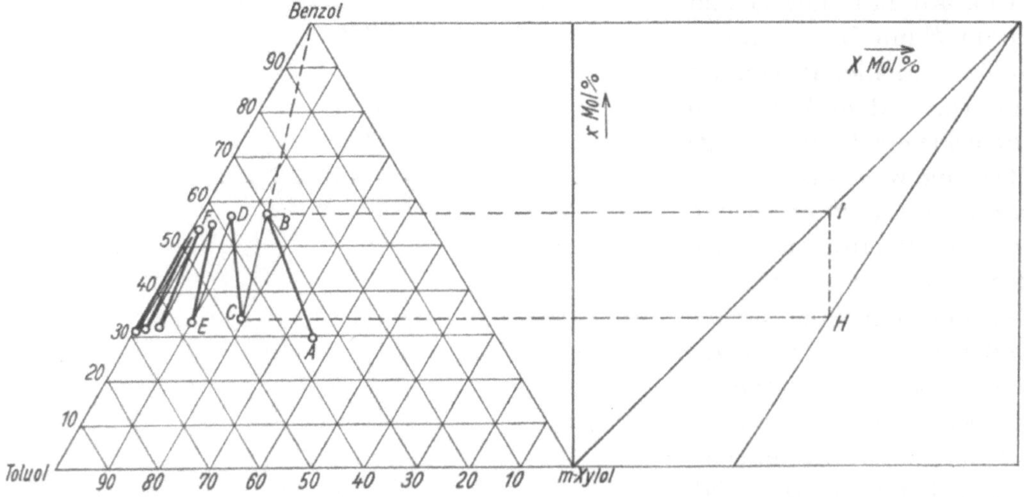

Abb. 47. Verstärkungssäule mit Mindestrücklauf.

Wie ersichtlich, ist die Destillatzusammensetzung nur von der Stärke des Rücklaufs, der Zusammensetzung der Blasenfüllung und der Bodenzahl abhängig. Sind alle Komponenten ungefähr zu gleichen Teilen in der Blase vorhanden, so verläuft die Destillation so, daß auf den untersten Böden der Verstärkungssäule sich der Toluolgehalt nur wenig ändert und der Benzolgehalt stark zunimmt, erst auf den oberen Böden nimmt auch der Toluolgehalt ab. Ist der Benzolgehalt der Blasenfüllung sehr gering, so nimmt der Toluolgehalt auf den untersten Böden der Verstärkungssäule zunächst stark zu, der Benzolgehalt bleibt nahezu unverändert, auf den höherliegenden Böden nimmt dann erst der Toluolgehalt ab und der Benzolgehalt zu.

b) Die ununterbrochen arbeitenden Apparate.

Soll ein ternäres Gemisch in stetigem Betrieb getrennt werden, so sind hierzu zwei ununterbrochen arbeitende Trennsäulen notwendig, von denen jede genau wie eine Kolonne zur Trennung binärer Gemische (Abb. 33) eine Abtriebs- und Verstärkungssäule besitzt. Die drei Bestandteile des Gemisches seien wieder als Leichtsiedendes, Mittel- und Schwersiedendes bezeichnet. Für die Trennung des Gemisches sind dann zwei Arbeitsverfahren möglich. Man läßt entweder aus dem Unterteil der ersten Säule, in die das ternäre Gemisch eingeführt wird, das Schwersiedende ablaufen, erhält auf dem obersten Boden dieser Säule einen Dampf, der aus dem Mittel- und Leichtsiedenden besteht, und trennt dieses Gemisch in der zweiten Säule, wobei das Mittelsiedende als Ablauf das Leichtsiedende als Destillat in dieser Säule erhalten wird, oder man läßt in den Destillatkühler der ersten Säule nur das Leichtsiedende gehen, erhält im Unterteil der Abtriebssäule der ersten Kolonne ein Gemisch aus Mittel- und Schwersiedendem und zerlegt dieses Gemisch in der zweiten Säule, wobei man das Mittelsiedende als Destillat, das Schwersiedende als Ablauf in dieser Säule erhält. Da in der zweiten Kolonne immer ein binäres Gemisch getrennt wird und die dabei sich abspielenden Vorgänge bereits behandelt sind, wird hier nur auf die Wirkungsweise der ersten Kolonne, in die das ternäre Gemisch eingeführt wird, eingegangen. Als Beispiel soll wieder die Trennung eines nahezu idealen Gemisches, das aus Benzol-, Toluol- und *m*-Xylol besteht, gewählt werden.

Es soll zunächst der Fall besprochen werden, daß in der ersten Säule das Leichtsiedende als Destillat und das Gemisch aus Mittel- und Schwersiedendem als Ablauf erhalten wird. In Abb. 48 sind die Isothermen in das Koordinatendreieck für das gewählte Gemisch eingetragen. Die Zusammensetzung der in die erste Kolonne eingeführten Mischung sei durch den Punkt M, die des Destillats durch Punkt D und die des Ablaufs durch R gegeben. Die Punkte M, R und D müssen auf einer Geraden liegen. Die Gleichungen (64) bis (72), die für die Verstärkungssäule des absatzweise arbeitenden Apparats aufgestellt waren, bleiben auch hier unverändert bestehen. Das Verfahren zur Bestimmung der theoretisch sich ergebenden Zusammensetzungen auf den Böden der Verstärkungssäule ist daher das gleiche wie das für die absatzweise arbeitenden Apparate beschriebene. Die Punkte, die die Zusammensetzungen von Rücklauf und Dampf zwischen zwei beliebigen Böden der Verstärkungssäule angeben, müssen also immer auf einer durch den die Destillatzusammensetzung bestimmenden Punkt D gehenden Geraden liegen.

Für die Abtriebssäule lassen sich dann wie vorher für die Verstärkungssäule folgende Gleichungen ableiten:

$$x' = \frac{g + D}{M + g} X' + \frac{M - D}{M + g} x_R, \tag{73}$$

$$y' = \frac{g + D}{M + g} Y' + \frac{M - D}{M + g} y_R, \tag{74}$$

$$z' = \frac{g + D}{M + g} Z' + \frac{M - D}{M + g} z_R, \tag{75}$$

$$x' + y' + z' = 100, \tag{76}$$

$$X' + Y' + Z' = 100. \tag{77}$$

Hiermit läßt sich zeigen, daß die Punkte, die die Zusammensetzung von Flüssigkeit und Dampf zwischen zwei beliebigen Böden der Abtriebssäule an-

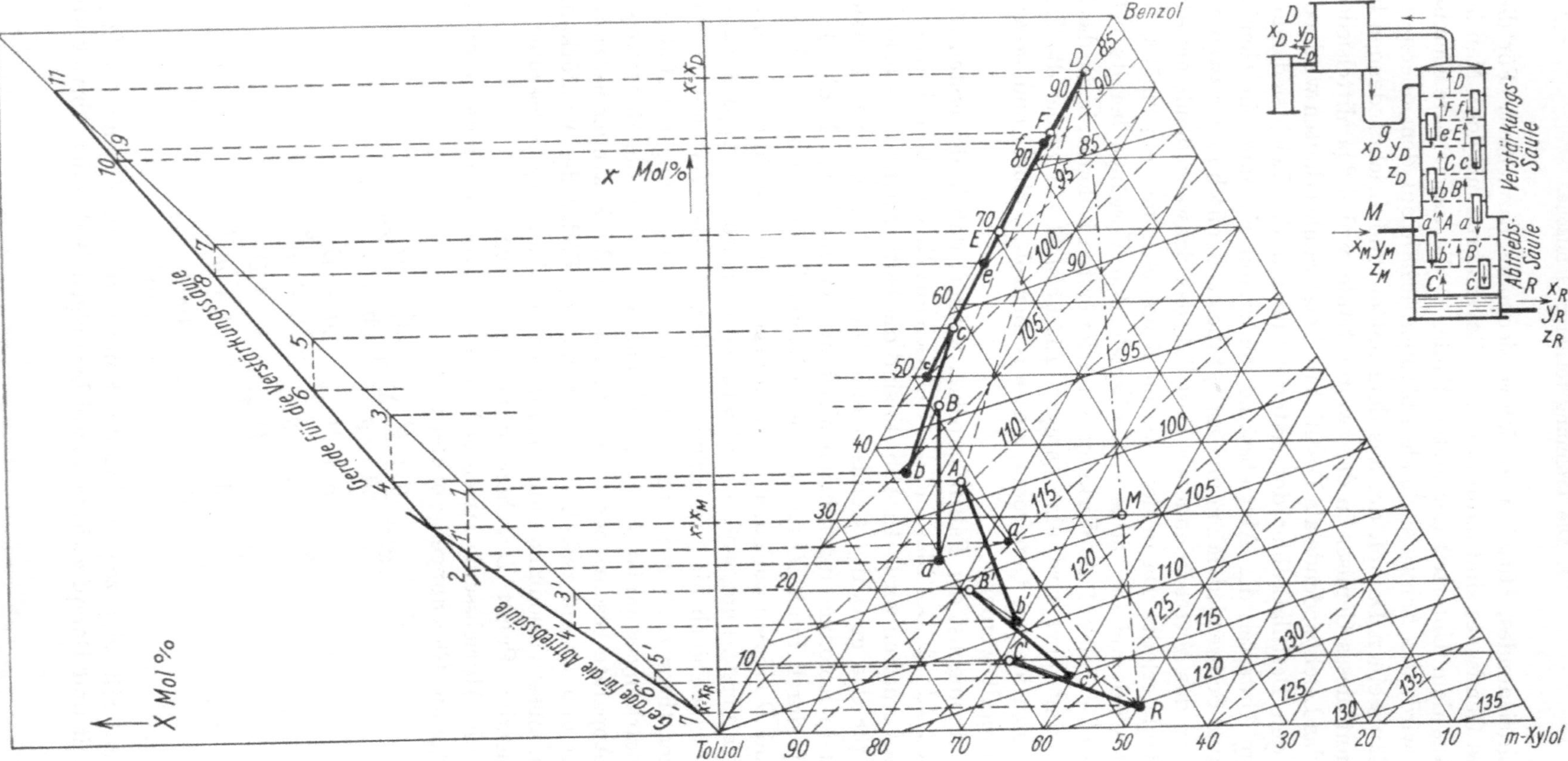

Abb. 48. Zusammensetzungen in einem stetig arbeitenden Apparat für ein ternäres Gemisch; das Leichtsiedende im Destillat.

geben, auf einer Geraden liegen müssen, die durch den die Zusammensetzung des Ablaufs angebenden Punkt R (Abb. 48) geht. Da durch die Gleichungen (70) bis (75) ein Gesetz für die Zusammensetzungen von Flüssigkeit und Dampf zwischen zwei Böden gegeben ist und der Zusammenhang zwischen den Zusammensetzungen von Flüssigkeit und Dampf unter und über einem beliebigen Boden nach Annahme durch das Phasengleichgewicht bestimmt ist, kann man alle Zusammensetzungen in Verstärkungs- und Abtriebssäule in folgender Weise ermitteln. An das Koordinatendreieck ist in Abb. 48 ein X-x-System angegliedert, in das die beiden Geraden für Abtriebs- und Verstärkungssäule, genau wie es bei der Darstellung der Vorgänge in den Säulen zur Trennung binärer Gemische ausgeführt wurde, eingetragen sind. Die beiden Geraden schneiden sich bei $x = x_M$, wenn die Mischung mit Siedetemperatur zugeführt wird; die Gerade für die Verstärkungssäule schneidet die Diagonale des X-x-Systems bei $x = x_D$, die für die Abtriebssäule bei $x = x_R$. Wird der Rücklauf geändert, so ändert sich auch der Verlauf der beiden Geraden. Wird der Rücklauf sehr groß oder, was dasselbe ist, bei gleichem Rücklauf die abgezogene Destillatmenge/Zeiteinheit sehr klein, so nähern sich die Geraden der Diagonalen des X-x-Systems, weil die Steigung der Geraden nur vom Rücklauf abhängt. Über ein bestimmtes Maß kann die Steigung der Geraden für die Verstärkungssäule nicht verringert werden, wenn die Trennung noch ausführbar sein soll. Dieser Punkt entspricht der theoretisch geringsten Rücklaufwärme, bei der die Bodenzahl unendlich groß ist.

Der aus dem Einlaufboden aufsteigende Dampf ist in dem Koordinatendreieck auf Abb. 48 durch Punkt A bestimmt. Die Zusammensetzung des aus dem untersten Boden der Verstärkungssäule kommenden Rücklaufs liegt auf einer Geraden, die durch den Punkt D geht und durch den Linienzug A-1-2 mit dem Punkt a gefunden wird. Die Zusammensetzung der Flüssigkeit auf dem Einlaufboden ist durch den Schnittpunkt a' der Geraden aM und AR gegeben. Die Zusammensetzung des Dampfs, der vom untersten Boden der Verstärkungssäule aufsteigt, ist nach Annahme die Zusammensetzung, die dem Gleichgewicht mit dem von diesem Boden nach unten gehenden Rücklauf entspricht. Der diese Dampfzusammensetzung kennzeichnende Punkt muß auf der Dampfisotherme liegen, die zu der durch a gehenden Flüssigkeitsisotherme gehört, und auf einer Geraden, die durch a parallel zur nächsten Richtungslinie verläuft. Sie ist daher durch Punkt B gegeben. Die Zusammensetzung des Rücklaufs, der von dem zweiten auf den untersten Boden der Verstärkungssäule fließt, liegt auf der Geraden BD und wird durch den Linienzug B-3-4 durch den Punkt b erhalten. Der Dampf, der vom zweiten Boden der Verstärkungssäule nach oben steigt, ist durch die zu b gehörige Gleichgewichtsdampfzusammensetzung mit dem Punkt C gegeben. So fährt man bis zum Punkt D weiter fort.

Der Dampf A ist aus dem vom Einlaufboden auf den zweiten Boden der Abtriebssäule fließenden Rücklauf entstanden, der durch den Punkt b' gegeben ist. Der von unten in den Einlaufboden tretende Dampf ist durch den Punkt B' gegeben, der auf der Geraden $b'R$ und dem Linienzug $b'4'3'$ liegt.

Der Dampf B' ist aus dem Rücklauf c' entstanden. In dieser Weise fährt man bis zum Punkt R, der die Zusammensetzung des Ablaufs angibt, fort. Die durch Abb. 48 dargestellte Kolonne hat demnach 2 Böden in der Abtriebs- und 5 Böden in der Verstärkungssäule.

Das Destillat, das in dem Beispiel erhalten wird, erhält noch eine erhebliche Menge Toluol. Praktisch wird diese noch größer sein, da ja die Annahme, daß der Rücklauf von einem Boden mit dem von diesem aufsteigenden Dampf sich im Gleichgewicht befinde, nicht genau stimmt. In gleicher Weise wird auch der Benzolgehalt im Ablauf größer sein, als dem Punkt R entspricht.

Soll das Destillat reiner sein, so müssen entsprechend der verlangten Reinheit mehr Böden angewendet werden oder es muß der Rücklauf verstärkt werden.

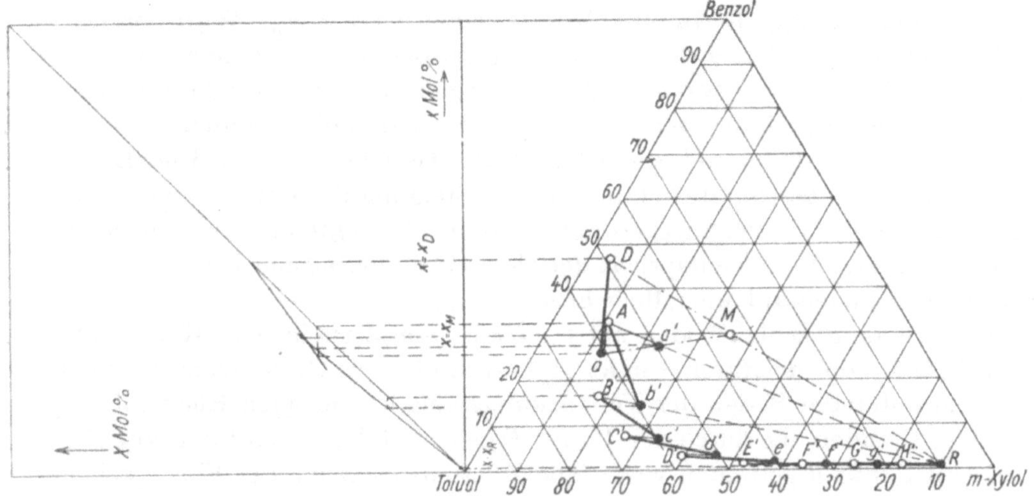

Abb. 49. Zusammensetzungen in einem stetig arbeitenden Apparat; das Schwersiedende im Ablauf.

Wird der für eine bestimmte Destillatmenge angewendete Rücklauf stark vergrößert, so werden die Strecken *Aa*, *Bb*, *Cc* usw. auch sehr klein, und der die Zusammensetzungen in der Kolonne angebende Streckenzug im Koordinatendreieck nähert sich dem Verlauf der Richtungslinien, die die Änderung der Zusammensetzung bei der Verdampfung angeben. Je größer die verlangte Reinheit des Destillats sein soll, um so weiter rückt der Streckenzug in die Toluolecke des Koordinatendreiecks hinein, wobei Bodenzahl und Rücklauf entsprechend groß zu bemessen sind. Auf den untersten Böden der Abtriebssäule ist dann fast kein Benzol vorhanden. Auf den weiteren Böden nach oben zu findet zunächst eine Anreicherung an Toluol statt, bis der m-Xylolgehalt geringer geworden ist. Dann erst findet auf den oberen Böden der Abtriebssäule eine Anreicherung an Benzol statt. Auf den unteren Böden der Verstärkungssäule befinden sich nur geringe Xylolmengen, auf ihnen erfolgt hauptsächlich eine Verstärkung des Benzolgehaltes, bis schließlich auf den oberen Böden der Verstärkungssäule nur Spuren von Xylol vorhanden sind.

Wird die Stufenzahl sehr groß gewählt, so kann der Rücklauf entsprechend verkleinert werden.

Der zweite Fall, der bei der Trennung des als Beispiel gewählten Benzol-Toluol-m-Xylol-Gemisches möglich ist, ist in Abb. 49 dargestellt. Hier besteht das Destillat aus einem Benzol-Toluol-Gemisch mit einem geringen Xylolrest und der Ablauf aus Xylol. Es sind dieselben Bezeichnungen gewählt, wie vorher in Abb. 48. Die Verstärkungssäule hat in dem hier gewählten Beispiel nur einen Boden, während die der Abtriebssäule erheblich mehr Böden hat als die im vorigen Beispiel. Man kann demnach durch geeignete Bemessung der Bodenzahlen und des Rücklaufs sich dem einen oder anderen Grenzfall — Leichtsiedendes im Destillat oder Schwersiedendes im Ablauf — nähern.

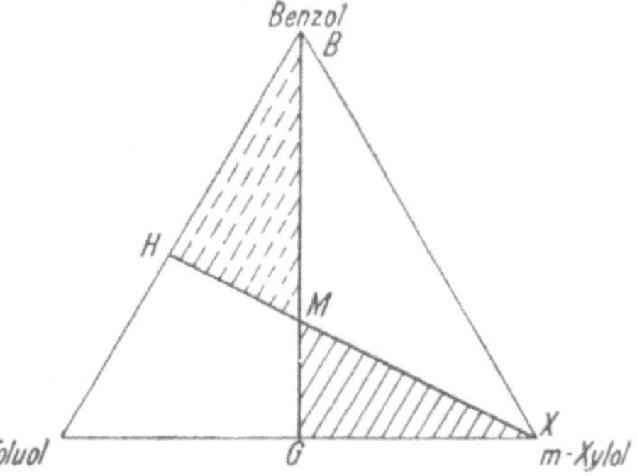

Abb. 50. Bereich für Destillat und Ablauf bei gegebener Zusammensetzung des zu trennenden Gemischs.

Der Bereich, in dem Destillat und Ablaufzusammensetzung liegen können, ist durch Abb. 50 gekennzeichnet. Ist die Zusammensetzung der zugeführten Mischung durch M gegeben, so muß die Destillatzusammensetzung in Abb. 50 innerhalb des Dreiecks HMB, die des Ablaufs innerhalb des Dreiecks GMX liegen. Bei idealen Gemischen wie dem als Beispiel gewählten Benzol-Toluol-Xylol-Gemisch wird die Destillatzusammensetzung immer dicht an der Strecke HB, die Ablaufzusammensetzung immer dicht an der Strecke GX liegen.

2. Die Trennung von Gemischen mit vier Komponenten.

Es soll hier nur auf die zur Trennung eines Gemisches von vier Komponenten notwendige Apparatur eingegangen werden. Sind noch mehr Kompo-

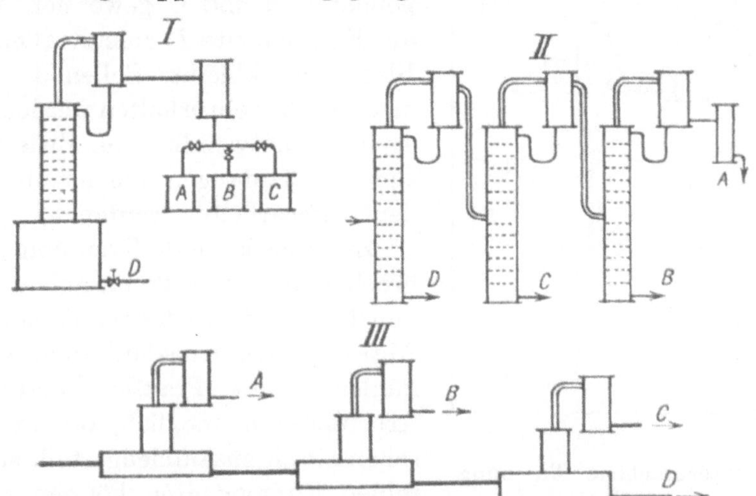

Abb. 51. Apparaturen zur Trennung von Gemischen mit vier Komponenten.

nenten vorhanden, so ergibt sich die Apparateanordnung in entsprechender Weise wie beim Vorhandensein von nur vier Komponenten. Die vier Komponenten seien, nach ihrem Siedepunkt geordnet, mit A, B, C und D bezeichnet, so daß A der am leichtesten, D der am schwersten siedende Stoff ist. Für die Trennung dieser vier Bestandteile durch Destillation kommen in der Hauptsache drei Verfahren in Frage, für die die Apparaturen schematisch in Abb. 51 zusammengestellt sind.

Erstens kann die Trennung in einem absatzweise arbeitenden Apparat erfolgen, der wieder aus Blase, Verstärkungssäule, Rücklauf- und Destillatkühler und drei Vorlagen besteht. Sollen die Fraktionen scharf voneinander getrennt werden, also die vier Komponenten mit großer Reinheit erhalten werden, so ist der Betrieb der Apparatur recht schwierig. Es geht zunächst der Stoff A mit dem geringsten Siedepunkt über. Je mehr der Bestandteil A aus der Blase verschwindet, um so mehr wird die Komponente B im Destillat erscheinen. Soll A trotzdem möglichst rein erhalten werden, so müßte der Rücklauf vergrößert werden. Dann werden in der gleichen Weise die Komponenten B und C gewonnen, während die Komponente D zuletzt allein in der Blase zurückbleibt. Sollen die Komponenten sehr rein erhalten werden, so wird es meist notwendig sein, Zwischenfraktionen aufzufangen, die nachher besonders aufgearbeitet werden.

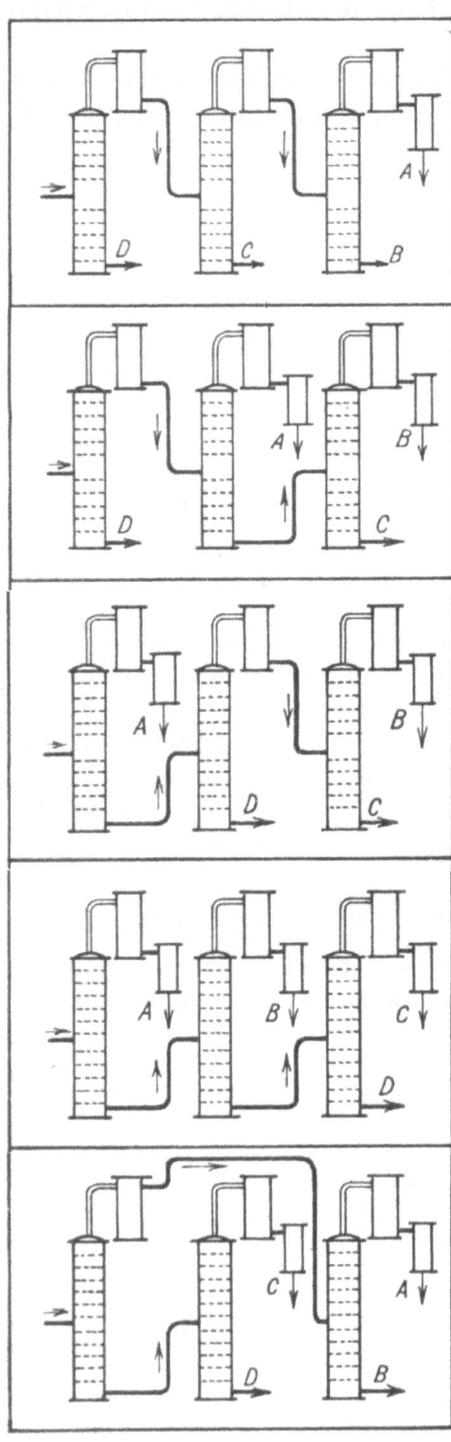

Abb. 52. Ununterbrochene Trennung eines Gemischs mit vier Komponenten.

Zweitens kann die Trennung ununterbrochen mit drei Trennsäulen erfolgen, von denen jede wieder aus Verstärkungs-, Abtriebssäule, Rücklauf- und Destillatkühler besteht. Praktisch sind hier fünf Arbeitsweisen möglich, die in Abb. 52 schematisch zusammengestellt sind. Die reinen Komponenten können entweder aus den Unterteilen der Abtriebssäulen oder durch die Destillatkühler aus den oberen Enden der Verstärkungssäulen abgezogen werden, wobei sich die genannten fünf Möglichkeiten ergeben. In der ersten Säule kann entweder die Komponente A oder ein Gemisch aus A und B als Destillat im Destillatkühler erhalten werden, oder es kann aus dem Unterteil dieser Säule die am höchsten siedende Komponente D oder ein Gemisch aus C und D als Ablauf gewonnen werden. Erhält man in der ersten Säule oben ein Gemisch aus A und B und unten ein Gemisch aus C und D, so werden den beiden anderen Säulen binäre Gemische zugeführt. In den vier anderen Fällen wird der zweiten Säule ein ternäres Gemisch zugeführt, aus dem entweder die Komponente D oder C als Ablauf, oder die Komponente A oder B als Destillat entfernt werden. Die letzte Säule trennt dann die Bestandteile des übrigbleibenden binären Gemisches voneinander.

Drittens kann die Trennung des Gemischs ununterbrochen erfolgen, indem man die Flüssigkeit nacheinander durch drei Blasen schickt, in denen die einzelnen Bestandteile der Reihe nach entfernt werden. In der ersten Blase verdampft das am leichtesten Siedende, in der zweiten der Stoff mit dem nächsthöheren Siedepunkt usw. Aus der letzten Blase fließt das am schwersten Siedende ab. Das Prinzip dieser Anordnung hat sich bei der Destillation des Teers bewährt, der allerdings aus erheblich mehr als vier Bestandteilen besteht. Hier begnügt man sich jedoch mit einer geringeren Zahl von Fraktionen, die entsprechend ihrer Verwendung in anderen Betrieben aufgearbeitet werden können. Eine vollständig reine Trennung des Gemischs ist mit dieser Anordnung auch nicht möglich.

V. Die Trennsäulen mit Füllkörpern.

1. Die Füllkörper.

In den Kolonnen mit Böden tritt der Dampf entsprechend der Zahl der Böden wiederholt durch das von oben kommende Flüssigkeitsgemisch. Eine Verstärkungswirkung kann aber auch erreicht werden, wenn man das Flüssigkeitsgemisch über Füllkörper fließen läßt, über die der Dampf im Gegenstrom geführt wird, dessen Gehalt an Leichtsiedendem erhöht werden soll.

Der Form nach kann man Füllkörper unterscheiden, die nach bestimmten Regeln entsprechend ihrer Gestalt eingebaut werden, und solche, die regellos in die Kolonne geschüttet werden. Die letzteren werden für Destillierkolonnen bevorzugt, und zwar besonders die Kugeln und Ringe. Damit die Ringe sich auch tatsächlich regellos lagern, hat sich für sie ein Verhältnis von Höhe zu Durchmesser von etwa 1 : 1 bewährt (*Raschigs* Ringe). Die Ringe werden oft mit verschiedenen Einbauten, Ausbauchungen usw. versehen, die die Oberfläche vergrößern sollen. Auch Drahtspiralen, die mehrfach um die gleiche Achse gewunden sind, werden als Kolonnenfüllungen verwendet.

Die Füllkörper werden meist nach ihrer Oberfläche beurteilt, die von der Flüssigkeit benetzt werden kann. 1 m³ *Raschigs* Ringe von 15 mm Durchmesser und gleicher Höhe bietet eine Oberfläche von rund 345 m², bei 25 mm Durchmesser und Höhe etwa 220 m² und bei 50 mm Durchmesser und gleicher Höhe eine Oberfläche von etwa 110 m². 1 m³ Kugeln von 3,5 cm Durchmesser hat eine Oberfläche von etwa 100 m², bei 2 cm Durchmesser eine Oberfläche von 170 m². Die Größe der Füllkörperoberfläche allein ist jedoch kein Maßstab für die Güte bezüglich der trennenden Wirkung in einer Kolonne, sondern hierfür ist auch Form und Größe maßgebend.

In manchen Fällen, zum Beispiel bei der Destillation ätherischer Öle, kommt es vor, daß sich Krusten, besonders durch Ablagerung harziger Bestandteile, bilden. Derartige Möglichkeiten wird man bei der Wahl der Füllkörper berücksichtigen müssen und einen einfacheren Füllkörper wählen, der nicht zu zerklüftete Hohlräume ergibt. Auch die Reinigung der Füllkörper, die in entsprechenden Abständen notwendig ist, spricht dafür, in einem derartigen Fall zum Beispiel statt eines Ringes mit Einbauten die einfachere Kugel als Füllkörper zu wählen.

Für eine Schicht sind möglichst nur Füllkörper von gleicher Größe und Form zu verwenden. Ist dies nicht der Fall, was zum Beispiel für Füllungen aus Steinen, Koksstücken oder anderen Füllkörpern von verschiedener Größe zutrifft, so bilden sich leicht Kanäle, durch die der größte Teil des Dampfs, dem Weg des kleinsten Widerstandes folgend, strömt, ohne mit der herabströmenden Flüssigkeit genügend in Berührung gekommen zu sein. Die Wahrscheinlichkeit, daß sich derartige Kanäle bilden, ist am geringsten, wenn die Füllkörper gleiche Form und Größe haben.

Von großer Bedeutung für eine gute Trennwirkung einer Füllkörperschicht sind die Geschwindigkeiten von Flüssigkeit und Dampf in der Kolonne. Die Sinkgeschwindigkeit des Rücklaufs hängt von Größe und Form der Füllkörper und der Einwirkung der entgegengerichteten Dampfströmung ab. Je kleiner die Füllkörper sind, je verwickelter ihre Form und je größer die entgegengerichtete Dampfgeschwindigkeit ist, um so langsamer fällt der Rücklauf durch die Füllkörperschicht, um so größer ist die Berührungsdauer zwischen Flüssigkeit und Dampf, um so besser ist also auch die trennende Wirkung. Die längste Berührungsdauer wird dann erreicht sein, wenn die Füllkörpersäule so stark belastet ist, daß sie nur wenig unterhalb des Punktes arbeitet, bei dem Flüssigkeitsstauungen eintreten. In diesem Fall wird also die Rektifizierwirkung am besten sein. Eine hohe Dampfgeschwindigkeit ist daher bei Füllkörpersäulen meist besser als eine zu geringe.

Als Mittelwert für die auf den ganzen Säulenquerschnitt bezogene Dampfgeschwindigkeit kann etwa 1 m/sek. angenommen werden. Die wirklichen Dampfgeschwindigkeiten sind infolge der Querschnittsverminderung durch die Füllkörper, die nur von ihrer Form, nicht von ihrer Größe abhängt, und die Strömungswiderstände, wie scharfe Kanten, starke Krümmungen, erheblich größer, vielleicht zehnmal so groß oder noch mehr. Große Dampfgeschwindigkeiten haben den Vorteil, daß sie den Dampf an den Kanten und gekrümmten Flächen der Füllkörper zu Wirbelbildungen veranlassen, die eine besonders innige Berührung zwischen Flüssigkeit und Dampf hervorrufen. Gleichzeitig ergeben sie aber auch den Nachteil, daß der Druckabfall in der Säule größer wird.

Bei den Säulen mit Böden ist der Druckabfall durch die Höhe der zu durchdringenden Flüssigkeitsschichten gegeben und beträgt etwa 1—2 m Wassersäule. Bei Füllkörpersäulen ist der Druckunterschied an den Enden der Füllkörperschicht bedeutend geringer; für Ringfüllkörper beträgt er etwa 25—50% einer gleichhohen Säule mit Böden. Dies ist besonders für die Vakuumdestillation von Wichtigkeit, weil der Druckabfall dem zu erreichenden Vakuum eine Grenze setzt. Von besonderer Bedeutung ist dieser Umstand für die Destillation hochsiedender Flüssigkeiten. Will man derartige Stoffe mit dampfbeheizten Apparaten trennen, so muß man mit Vakuum arbeiten, um die Destillationstemperatur zu erniedrigen. Da sich mit Füllkörpersäulen infolge des kleineren Druckabfalles leichter ein tiefes Vakuum erreichen läßt als mit den Säulen mit Böden, sind sie für hochsiedende Stoffe, also solche, die etwa über 180° C bei Atmosphärendruck sieden, geeigneter als jene.

Bezeichnet h die Höhe der Füllkörperschicht in m, v die auf den ganzen Säulenquerschnitt bezogene Geschwindigkeit in m/sek., d den Durchmesser des Füllkörpers in Zentimetern, s das spezifische Gewicht der Dämpfe in kg/m³,

f einen Beiwert, der von der Berieselungsstärke abhängt, und C eine Unveränderliche, die hauptsächlich von der Form der Füllkörper abhängt, so ergibt sich der Druckabfall Δp in Millimeter Wassersäule:

$$\Delta p = C h d s f \frac{v^2}{2g}. \tag{78}$$

f wächst langsam mit zunehmender Dampfgeschwindigkeit an, weil diese die Bewegung der herablaufenden Flüssigkeit hemmt. Für eiserne Ringfüllkörper von 25 mm Durchmesser ist für die angegebenen Dimensionen c etwa 160 und $f = \sqrt{v}$ bei normaler Berieselung.

Werden die Füllkörper regellos eingeschüttet, so üben sie auf die Wände der Kolonne einen seitlichen Druck aus, der zu berücksichtigen ist, wenn die Kolonne sehr hoch ist oder aus einem Baustoff von geringer Zugfestigkeit, zum Beispiel Porzellan, Steinzeug, Mauerwerk usw. besteht.

Auch bei den Füllkörpersäulen ist auf genau senkrechte Aufstellung zu achten, weil sich sonst der Flüssigkeitsstrom ungleichmäßig nach der einen Seite hin verteilt. Bei Verwendung sehr hoher Kolonnen mit kleinen Füllkörpern kann eine ungleichmäßige Verteilung des Flüssigkeitsstromes über den Säulenquerschnitt noch infolge einer anderen Erscheinung eintreten. Von der in einem dünnen Strahl auf eine Füllkörperschicht fallenden Flüssigkeitsmenge fällt der größte Teil auf die Füllkörper, die genau unter dem Füllkörper liegen, auf den dieser Flüssigkeitsstrahl trifft. Ein kleiner Teil geht aber auch auf die im Umkreis von diesem liegenden Körper. Nach unten macht sich also eine Verbreiterung des Flüssigkeitsstromes bemerkbar. Es läßt sich zeigen, daß das Gesetz, nach dem die Verteilung der Flüssigkeitsmenge in den tieferliegenden Füllkörperschichten erfolgt, mathematisch angenähert durch die *Gauß*sche Glockenkurve gegeben ist. Führt man die Flüssigkeit auf die Oberfläche der Füllkörperschicht gleichmäßig verteilt zu, so macht sich die Verbreiterung des Stromes in einer Stromverdrängung nach außen bemerkbar, das heißt, die Flüssigkeit hat das Bestreben, an den Rand der Kolonne zu fließen. Dies beeinträchtigt die Trennwirkung, da der Dampf, über den ganzen Querschnitt gleichmäßig verteilt, durch die Kolonne strömt und nur mit einem Teil der Flüssigkeit in gute Berührung kommt. Es ist daher bei sehr hohen Kolonnen mit kleinen Füllkörpern zweckmäßig, nicht zu hohe Füllkörperschichten auszuführen und diese öfters auf Siebböden zu lagern, die die Flüssigkeit wieder verteilen.

Ein Vorteil der Säulen mit Füllkörpern ist, daß sie leichter in Betrieb zu setzen sind, da bei den Kolonnen mit Böden diese sich erst füllen müssen, bis der endgültige Beharrungszustand eingetreten ist. Auch der Nachteil der Glockenkolonnen, daß nach Beendigung des Abtriebs die Böden noch sämtlich gefüllt sind, und der Nachteil der Siebböden, daß bei einem Sinken des Drucks unter der Säule die Flüssigkeitsschichten auf den Böden herunterfallen, ist bei Verwendung von Füllkörpern vermieden.

Die Füllkörper lassen sich aus allen im Apparatebau üblichen Baustoffen herstellen, so auch aus hochwiderstandsfähigen Baustoffen, wie Porzellan,

Steinzeug usw., und eignen sich daher besonders auch zur Destillation von Stoffen, die leicht Metalle angreifen.

Von Bedeutung sind ferner noch die kapillaren Eigenschaften der über die Füllkörper rieselnden Flüssigkeit, da diese das Maß der Benetzung und damit die Berührungsfläche zwischen Flüssigkeit und Dampf beeinflussen. Flüssigkeiten mit geringer Oberflächenspannung eignen sich daher besser zur Verarbeitung in Füllkörpersäulen als solche mit hoher.

2. Die Theorie der Füllkörpersäulen.

Wie aus der Ableitung der Gleichung (33) hervorgeht, bleibt sie auch für die Füllkörpersäulen unverändert bestehen. Unter den dort angegebenen Voraussetzungen kann man also auch hier den molaren Rücklauf als unveränderlich ansehen. Ebenso bleibt auch die Gleichung (34) für die Verstärkungssäule unverändert bestehen, wenn auch hier die Annahme gemacht wird, daß der Rücklaufkondensator keine verstärkende Wirkung hat und Wärmeverluste vernachlässigt werden können. Auch die zur Bestimmung des theoretisch geringsten Wärmebedarfs für die Säulen mit Böden gemachten Angaben gelten unverändert auch für die Füllkörpersäulen.

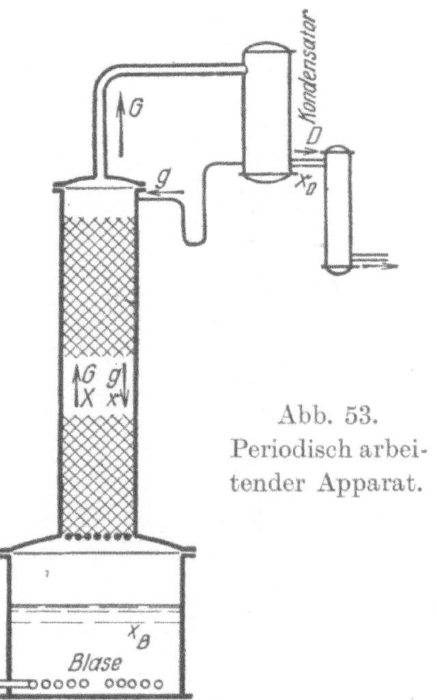

Abb. 53. Periodisch arbeitender Apparat.

Die zur Erzielung eines Destillats von der Zusammensetzung x_D mit einem Rücklaufverhältnis v erforderliche Kolonnenhöhe h kann für einen periodisch arbeitenden Apparat, wie er in Abb. **53** dargestellt ist, in folgender Weise ermittelt werden. Die Anreicherung des Dampfes nach oben dX für ein bestimmtes Kolonnenstück dh ist um so stärker, je größer die Differenz zwischen der vorhandenen Dampfzusammensetzung X und der Zusammensetzung X_g ist, die dem Phasengleichgewicht mit der Flüssigkeitszusammensetzung x im gleichen Querschnitt entspricht, wie es durch die Gleichgewichtskurve gegeben ist. Es gilt daher in jedem beliebigen wagerechten Querschnitt der Kolonne:

$$\frac{dX}{dh} = \frac{X_g - X}{k}. \tag{79}$$

Zur Dampfzusammensetzung X gehört nach Gleichung (34) im gleichen Querschnitt immer die Flüssigkeitszusammensetzung x, wie sie aus dieser Beziehung errechnet wird. Nun war bei den Kolonnen mit Böden angenommen, daß die Zusammensetzung X des Dampfs, der von dem nächsten, oberen Boden aufsteigt, der zu x gehörige Gleichgewichtswert ist. Der Unterschied $X_g - X$ ist also die Anreicherung, die theoretisch in einer Säule mit Böden durch einen einzelnen Boden erzielt wird. Aus dieser Betrachtung ergibt sich, daß die

Konstante k in Gleichung (79) für die Kolonne mit Füllkörpern die einem Boden gleichwertige Höhe einer Füllkörperschicht ist.

Bei der Spiritusdestillation ergab sich nach *Raschig* (Druckschrift von Dr. *F. Raschig*, Ludwigshafen am Rhein) daß eine kupferne Siebkolonne eines periodisch arbeitenden Destillierapparates von 7 m Länge und 90 cm Durchmesser, die 40 Siebböden enthielt, durch eine gleichlange Eisenkolonne von 60 cm Durchmesser mit *Raschigs* Ringen ersetzt werden konnte. Obgleich der nutzbare Kolonnenraum noch nicht die Hälfte des früheren betrug, ergab sich bei der Destillation ein Alkohol mit 95 Gew.-% genau wie

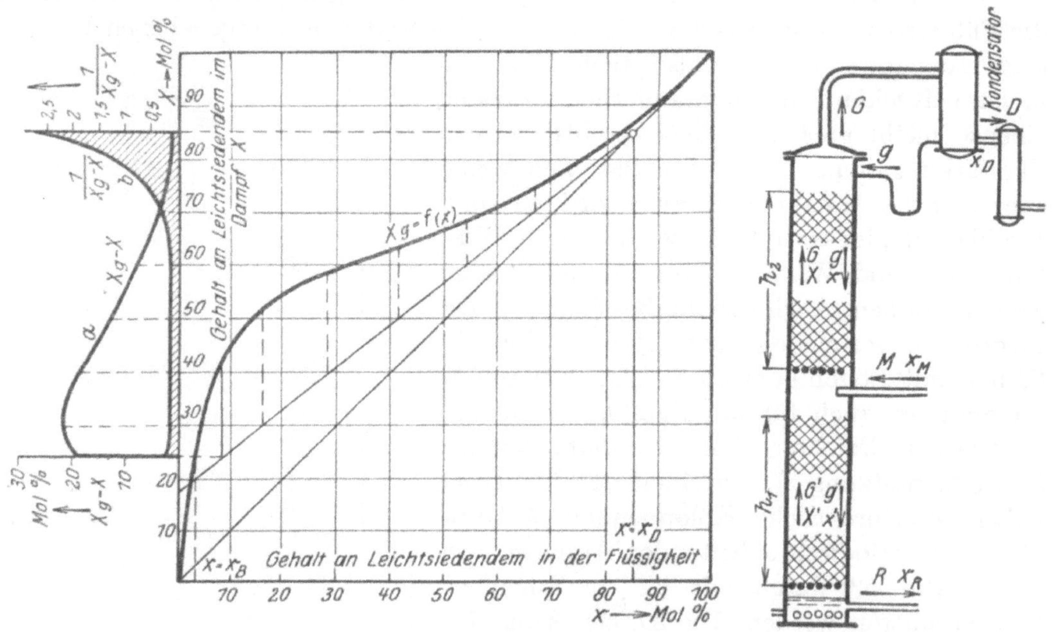

Abb. 54. Bestimmung der Säulenhöhe.

Abb. 55. Ununterbrochen arbeitender Apparat.

vorher, wobei außerdem noch die stündliche Leistung gesteigert wurde. Für diesen Fall würde also die Unveränderliche $k = \frac{7}{40 \cdot 0{,}75} = 0{,}23$ betragen, wenn der Wirkungsgrad der Böden mit etwa 0,75 in Rechnung gesetzt wird. Oft werden auch verhältnismäßig größere Kolonnen angewendet, so daß k im allgemeinen zwischen 0,2 und 0,3 m liegen wird.

Die Integration von Gleichung (79), die am besten zeichnerisch ausgeführt wird, ergibt die Kolonnenhöhe h der Verstärkungssäule eines absatzweise arbeitenden Apparates:

$$h = k \int_{X = f(x_B)}^{X = x_D} \frac{dX}{X_g - X}. \tag{80}$$

Hier bedeutet x_B wieder die Zusammensetzung der Blasenfüllung.

Man zeichnet zur Bestimmung von h (Abb. 54) die Gerade nach Gleichung (34) für die Verstärkungssäule für die gegebenen Werte von v und x_D in ein X-x-Schaubild ein, trägt die Differenz $X_g - X$ in einem möglichst groß gewählten Maßstab zweckmäßig gleich auf der Ordinatenachse auf (Kurve a), bestimmt die Werte $\frac{1}{X_g - X}$ (Kurve b) und ermittelt die Fläche unter dieser Kurve zwischen den Grenzen $X = f(x_B)$ und x_D. Multipliziert man das Ergebnis mit k, so erhält man die Säulenhöhe in Metern, die bei Anwendung der Rücklaufverhältnisse v zur Erzielung eines Destillates mit der Zusammensetzung x_D theoretisch notwendig ist. Wie sich aus den Betrachtungen über

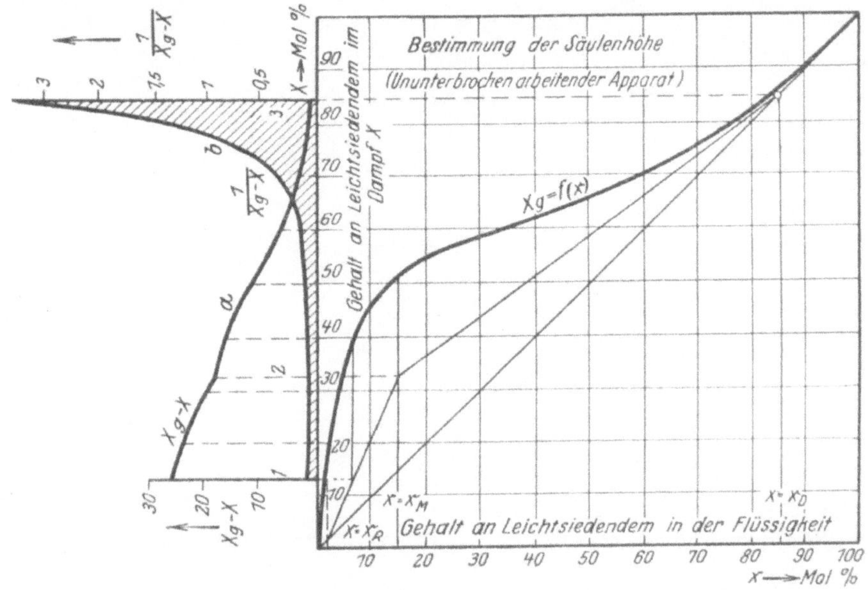

Abb. 56. Bestimmung der Säulenhöhe eines ununterbrochen arbeitenden Apparates.

die Wirkung der Füllkörper ergibt, ist k von der Dampfgeschwindigkeit in der Säule abhängig, also nur für einen bestimmten Betriebszustand unveränderlich.

In ähnlicher Weise läßt sich das Verfahren auch auf eine ununterbrochen arbeitende Säule mit Füllkörpern anwenden, wie in Abb. 55 ein Beispiel dargestellt ist. Die vorher abgeleiteten Gleichungen (33), (34) und (49) bleiben auch hier unverändert bestehen.

Wird das Flüssigkeitsgemisch mit Siedetemperatur zugeführt, so ergibt sich die Höhe der Abtriebssäule h_1:

$$h_1 = \int_{X = f(x_R)}^{X = f(x_M)} \frac{dX}{X_g - X'}. \tag{81}$$

Ebenso ergibt sich die Höhe der Verstärkungssäule h_2:

$$h_2 = k \int_{X = f(x_M)}^{X = x_D} \frac{dX}{X_g - X}. \tag{82}$$

Auch hier kann die Integration zeichnerisch ausgeführt werden (Abb. 56). Zur Bestimmung der Säulenhöhen trägt man — zweckmäßig gleich auf der Ordinatenachse — den Unterschied $(X_g - X)$ auf (Kurve a), berechnet die reziproken Werte davon (Kurve b) und ermittelt die Flächen unter dieser. Die Fläche zwischen den Grenzen 1 und 2 ergibt nach Multiplikation mit k die Höhe der Abtriebssäule und die Fläche zwischen den Grenzen 2 und 3 die Höhe der Verstärkungssäule. Die Lage der Geraden für die Verstärkungs- und Abtriebssäule hängt auch hier von den gleichen Bedingungen ab, wie bei den Kolonnen mit Böden, so daß alle dort hierüber gemachten Angaben sich sinngemäß auf die Trennsäulen mit Füllkörpern übertragen lassen.

VI. Die Apparate der Spiritusindustrie.

1. Die Spiritusdestillation.

Da die Destillier- und Rektifizierapparate der Spiritusindustrie in ihrer Entwicklung besonders weit vorgeschritten sind und ferner hier außer der Trennung des Gemisches Äthylalkohol-Wasser noch andere, bisher nicht behandelte Fragen hinzutreten, soll auf sie hier besonders eingegangen werden.

Die weitaus größte Alkoholmenge wird durch Gärung von Zuckern verschiedener Herkunft erzeugt. Bei diesen Gärungsverfahren entstehen außer dem Gemisch Äthylalkohol-Wasser noch Verunreinigungen, von denen der Spiritus bei der Destillation gereinigt werden muß. Dieser Zweck war für die weitere Ausbildung der Apparate besonders wichtig und hat ihnen auch den Namen gegeben, da Rektifizieren Reinigen bedeutet.

Der aus Gärverfahren entstandene, den Destillierapparaten zuzuführende Rohstoff wird in der Spiritusindustrie Maische genannt. Der Alkoholgehalt der Maische beträgt etwa 5—12 Gew.-%, im Mittel etwa 8—9 Gew.-%. Außer Wasser und Äthylalkohol mit dem Siedepunkt 78,3° sind in ihr an flüssigen Beimengungen meist noch folgende Stoffe — geordnet nach der Höhe des Siedepunkts — vorhanden:

	Siedepunkt °C
Acetaldehyd	22,4
Äthylacetat	77,1
Isopropylalkohol	82,4
n-Propylalkohol	97,5
Acetal	103,5
Isobutylalkohol	107,3
n-Butylalkohol	117,0
Äthyl-n-Butyrat	119,9
Amylalkohol	128
Isobutylcarbinol	131
Furfurol	162

Je nach den Rohstoffen, aus denen die Maische gewonnen wurde, können außer den genannten noch verschiedene andere Stoffe vorhanden sein, wie zum Beispiel Methylalkohol und Aceton bei Sulfitmaischen, ferner Essigsäure, n-Buttersäure usw. Der Hauptbestandteil der Verunreinigungen besteht aus Amylalkohol und Isobutylalkohol, also aus zwei Stoffen, deren Siedepunkt höher ist als der des Wassers. Das Gemisch dieser Nachlaufstoffe wird mit Fuselöl bezeichnet. Der Fuselölgehalt im Rohspiritus beträgt bis zu 0,5%. Außer diesen flüssigen Verunreinigungen und einer geringen Menge löslicher

Salze sind noch feste Stoffe in der Maische enthalten, die bei der Destillation in den Ablauf gehen. Dieser Ablauf wird in der landwirtschaftlichen Brennerei als Viehfutter verwendet und mit Schlempe bezeichnet.

Die Spiritusdestillierapparate sollen je nach den besonderen Betriebsbedingungen in mehr oder weniger vollständiger Weise möglichst folgende Bedingungen erfüllen:

1. Vollständige Entfernung des Alkohols aus dem Ablauf;
2. Entfernung der bei der Gärung entstandenen Verunreinigungen;
3. hoher Alkoholgehalt im Destillat;
4. Erzeugung einer zur Verfütterung möglichst geeigneten Schlempe;
5. einfache Betriebsweise;
6. geringe Vor- und Nachlaufmengen;
7. geringer Wärme- und Kühlwasserverbrauch;
8. geringe Bauhöhen der Apparate;
9. Gewinnung des Fuselöls.

Die einfachsten Apparate haben nur die Aufgabe, aus der Maische Rohsprit und Schlempe zu gewinnen, und werden daher meist Maischedestillierapparate genannt. Soll gleichzeitig damit eine Reinigung verbunden werden, so werden die Apparate als Maischedestillier- und Rektifizierapparate bezeichnet. Wird nicht Maische, sondern Rohsprit verarbeitet, so spricht man von Rektifizierapparaten.

2. Die absatzweise arbeitenden Apparate.

Diese entsprechen vollständig den vorher allgemein beschriebenen, absatzweise arbeitenden Blasenapparaten. Der Blaseninhalt richtet sich bei den einfachen Destillierapparaten für Brennereien nach der täglich abzubrennenden Maischmenge. Bei Rektifizierapparaten wird der Blaseninhalt möglichst groß gewählt, so daß ein Abtrieb bis zu 60 Stunden dauert.

Im Verlauf eines Abtriebs geht zunächst Spiritus mit allen Verunreinigungen, die leichter als Alkohol sieden, in den Kühler über. Dann erfolgt die eigentliche Destillation, bei der Spiritus bis zu 95 Gew.-% etwa erhalten werden kann, wenn die Bodenzahl der Kolonne groß genug ist. Bei Apparaten für besten Feinsprit werden bis zu 60 Böden angewendet.

Da mit sinkendem Alkoholgehalt der Blasenfüllung der Rücklauf vergrößert werden muß, weil sonst der Alkoholgehalt im Destillat zu stark sinken würde, werden außer einer oder mehreren parallel geschalteten Heizschlangen, die durch Dampfwasserableiter verschlossen sind und die Wärme des Heizdampfs mittelbar durch die Rohrwände übertragen, noch gelochte Rohre eingebaut, durch die Dampf unmittelbar in die Blasenfüllung getrieben werden kann. Für die Bemessung der Schlangen, die so tief wie möglich in der Blase liegen sollen, kann man ungefähr als Mittelwert mit 6 m^2 Heizfläche/hl stündlich erzeugten Feinsprit rechnen.

Ist während des Abtriebs der Alkoholgehalt der Blasenfüllung stark gesunken, so erscheinen auch Fuselöle im Destillat, das daher verunreinigt ist und mit Nachlauf bezeichnet wird.

Bei aufmerksamer Bedienung läßt sich mit einem ununterbrochen arbeitenden Apparat mit genügend hoher Säule ein sehr reiner, hochgradiger Spiritus herstellen. Die Apparate bieten ferner eine größere Sicherheit gegen Alkoholverlust als die ununterbrochen arbeitenden Apparate. Diese werden jetzt mehr und mehr vorgezogen, weil ihre Betriebsweise bequemer und ihr Wärmebedarf günstiger ist, da bei diesen die zugeführte Maische durch den zur Erzeugung des Rücklaufs niedergeschlagenen Spiritusdampf oder den heißen Ablauf vorgewärmt werden kann, während in einem Blasenapparat erst die ganze Füllung und die ganze Apparatur auf Siedetemperatur gebracht werden muß, bis die Verdampfung beginnt. Die lange Aufenthaltszeit der Maische oder des Rohsprits in der Blase unter Siedetemperatur kann zu Zersetzungen und zusätzlicher Bildung von Verunreinigungen führen.

3. Die Zweiblasenapparate.

Die besonders in kleinen Brennereien früher viel angewendeten Zweiblasenapparate (Abb. 57) stellen eine Zwischenbauart dar, die den Übergang zu den ununterbrochen arbeitenden Apparaten bildet. Die Blase wird durch eine wagerechte Wand in zwei gleichgroße Abteilungen geteilt. Die Maische wird in den oberen Teil eingeführt, durch den von dem unteren Blasenteil eintretenden Dampf bis zur Siedetemperatur angewärmt und dann bis auf den halben Alkoholgehalt als den, der ursprünglich vorhanden war, gebracht. Dann wird sie in den vorher entleerten unteren Blasenteil abgelassen, dort vollständig durch Einleiten von Dampf abgetrieben, wobei der aus der Maische entstehende Spiritusdampf zur Beheizung des oberen Blasenteils dient.

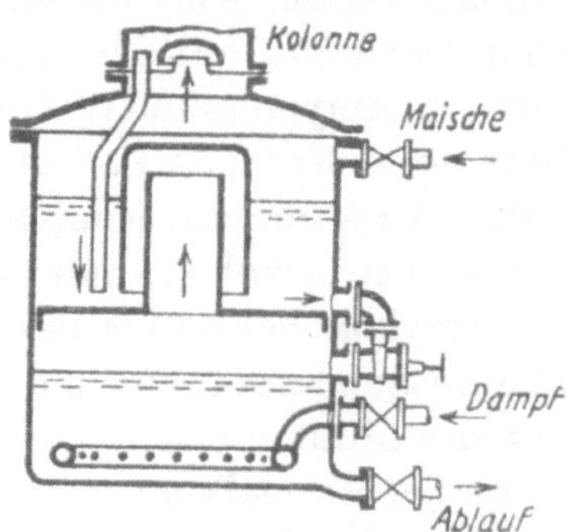

Abb. 57. Zweiteiliger Blasenapparat.

Der Wärme- und Kühlwasserverbrauch dieser einfachen Apparate ist recht hoch. Er beträgt bis zu 30 kg Dampf und 200 l Kühlwasser für 100 l Maische, während für die einfachen ununterbrochen arbeitenden Apparate nicht mehr als 25 kg trockener Dampf und 80 l Kühlwasser von 10° C Anfangstemperatur verbraucht werden dürfen.

4. Die einteiligen ununterbrochen arbeitenden Apparate.

Die einteilige Bauart mit ununterbrochener Arbeitsweise entspricht in ihrer Wirkungsweise vollständig den vorher behandelten ununterbrochen arbeitenden Trennsäulen und wird zur Zeit am meisten angewendet.

Die Abtriebssäule, die meist Maischesäule genannt wird, erhält etwa 12—16 Böden. Praktisch würden etwa 10 Böden vollständig genügen. Man führt jedoch immer einige Böden mehr aus, um unter allen Umständen eine vollständige Entgeistung der Schlempe sicherzustellen. Die Verstärkungssäule baut man je nach der Grädigkeit und Reinheit, die das Destillat erhalten soll, mit nur wenigen Böden oder Bodenzahlen, die etwa 30—45 betragen. Die einfachsten Apparate — die Maischedestillierapparate — besitzen nur eine Abtriebssäule. Ihre Aufgabe ist dann in der Hauptsache nur die Entfernung der festen Stoffe und des größten Teils des Wassers von dem Spiritus, nicht die Reinigung von den flüchtigen Beimengungen.

Ist die Bodenzahl der Verstärkungssäule gering, so geht das Fuselöl zum größten Teil in das Destillat. Die Schlempe ist also nahezu fuselölfrei. Anders ist es, wenn die Verstärkungssäule sehr hoch ist. Mit steigendem Alkoholgehalt der siedenden Flüssigkeit wird der Fuselölgehalt im Dampf geringer, so daß es von den obersten Böden der Verstärkungssäule, auf denen der Alkoholgehalt hoch ist, auf die untersten Böden herabgedrückt wird, auf denen der Alkoholgehalt geringer ist.

Die theoretische Behandlung des Fuselölproblems wird dadurch erschwert, daß das Fuselöl kein einheitlicher Stoff ist, sondern aus vielen Bestandteilen besteht. Man könnte zur Vereinfachung von den im Fuselöl enthaltenen Stoffen nur den Amylalkohol, der im Fuselöl bis zu 70% und auch etwas darüber enthalten ist, betrachten und hätte dann das ternäre System Äthylalkohol-Wasser-Amylalkohol. Äthylalkohol-Wasser und Amylalkohol-Wasser sind Gemische mit Minimumsiedepunkt. Der Minimumsiedepunkt des Gemenges Amylalkohol-Wasser, die nur unvollständig ineinander löslich sind, liegt etwa bei 92,5° C, wobei der Dampf etwa 22,7 Mol.-% Amylalkohol enthält. Der Minimumsiedepunkt des Äthylalkohols mit Wasser liegt bei 78,17° C bei einem Alkoholgehalt von etwa 95 Gew.-%.

Amylalkohol und Wasser sind nur wenig gegenseitig löslich, so daß für fast alle Zusammensetzungen dieses Gemisches die Dampfzusammensetzung gleich der des Minimumsiedepunktes = 22,7 Mol.-% sein muß, so daß auch dann, wenn der Amylalkoholgehalt der Flüssigkeit gering ist, der Amylalkoholgehalt im Dampf ebenso hoch ist wie bei größerem Gehalt der Flüssigkeit. Diese Tatsache muß sich bei geringem Äthylalkoholgehalt des ternären Gemischs derart bemerkbar machen, daß bis zu den Temperaturen, die etwa dem Minimumsiedepunkt des Systems Amylalkohol-Wasser entsprechen, der Amylalkoholgehalt im Dampf bei der Destillation erheblich größer sein muß als der in der Flüssigkeit, aus der er entstand. Bei etwa 35 Gew.-% Äthylalkoholgehalt der Flüssigkeit hört die Zunahme des Amylalkoholgehalts im Dampf auf. Bei höherem Alkoholgehalt zeigt sich die Löslichkeit der beiden Alkohole und der Amylalkoholgehalt im Dampf nimmt gegenüber dem in der Flüssigkeit stark ab. Die Richtungslinien, die die Änderung der Zusammensetzung bei der Destillation angeben, sind in Abb. 58 für den hier in Frage kommenden Bereich eingetragen, soweit sie sich mit Rücksicht auf die wenigen vorhandenen Anhaltspunkte angenähert bestimmen lassen.

Auf den Böden eines Rektifizierapparates, auf denen der Alkoholgehalt gering ist, also zum Beispiel den oberen Böden der Abtriebssäule, verdampft immer ein erheblicher Teil des Fuselöls und geht nach oben. Auf den mittleren und oberen Böden der Verstärkungssäule ist die Fuselölverdampfung geringer, so daß es nicht weiter nach oben gelangen kann. Die obersten Böden einer genügend hohen Verstärkungssäule sind daher praktisch fuselölfrei. Das Fuselöl muß sich daher auf den unteren Böden der Verstärkungssäule ansammeln und beträgt hier bis zu 30% in 100 g Weingeist. Dabei wird die Löslichkeitsgrenze überschritten, so daß es in einfacher Weise durch Anzapfungen auf den Böden aus der Säule entfernt werden kann.

Wird diese Fuselölabscheidung nicht angeordnet, so muß das Fuselöl, wie schon oben erwähnt, in die Schlempe gehen, da es bei genügend hoher Bodenzahl der Verstärkungssäule nicht auf die obersten Böden gelangen kann. Es ist aber damit nicht bedingt, daß es ununterbrochen und gleichmäßig in die Schlempe gelangt, sondern es können durch zufällige Störungen, zum Beispiel Dampfdruckschwankungen, plötzlich größere Mengen Fuselöl nach unten fließen. Derartige augenblickliche höhere Fuselölanreicherungen in der

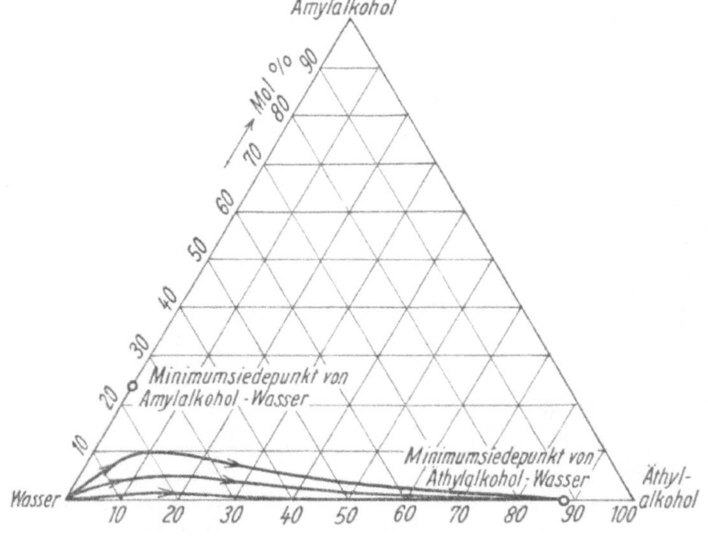

Abb. 58. Destillationsverlauf in einer Spirituskolonne.

Schlempe einer landwirtschaftlichen Brennerei können Schädigungen des Viehs nach der Verfütterung zur Folge haben.

Besteht die Verstärkungssäule nur aus wenigen Böden, so daß die Alkoholstärke im Destillat unter 90 Gew.-% bleibt, so geht das Fuselöl zum größten Teil in das Destillat. Der Apparat hat also dann nur in geringem Maß reinigende Wirkung. Die Schlempe ist in diesem Fall nahezu fuselölfrei. Um bei Apparaten für niedrigprozentigen Spiritus, die eine ganz geringe Bodenzahl in der Verstärkungssäule haben, noch eine gewisse Erhöhung des Alkoholgehaltes im Destillat zu erreichen, baut man bei diesen oft die Rücklaufkondensatoren so, daß während des Wärmeentzuges Flüssigkeit und Dampf im Gegenstrom zueinander geführt werden, wobei oft besondere Verteilkörper, Platten usw. angewendet werden. In der Spiritusindustrie wird ein derartiger Rücklaufkondensator Dephlegmator genannt. Die Wirkung des Dephlegmators ist um so größer, je geringer der Alkoholgehalt im Destillat ist, je kleiner also die Bodenzahl der Verstärkungssäule ist, und je inniger und öfter Dampf und Flüssigkeit miteinander in Berührung gebracht werden.

Die durch ein einmaliges Niederschlagen von Spiritusdampf erzielbare Verstärkung des Restdampfes ist verhältnismäßig gering. Der Alkoholgehalt im Niederschlag ist um so geringer, je geringer die niedergeschlagene Dampfmenge im Verhältnis zum Restdampf ist. Die Verstärkung durch Dephlegmation ist immer kleiner als die Anreicherung, die theoretisch mit einem Boden erzielt wird. Praktisch werden also etwa 2 Böden mehr verstärken, als man es durch

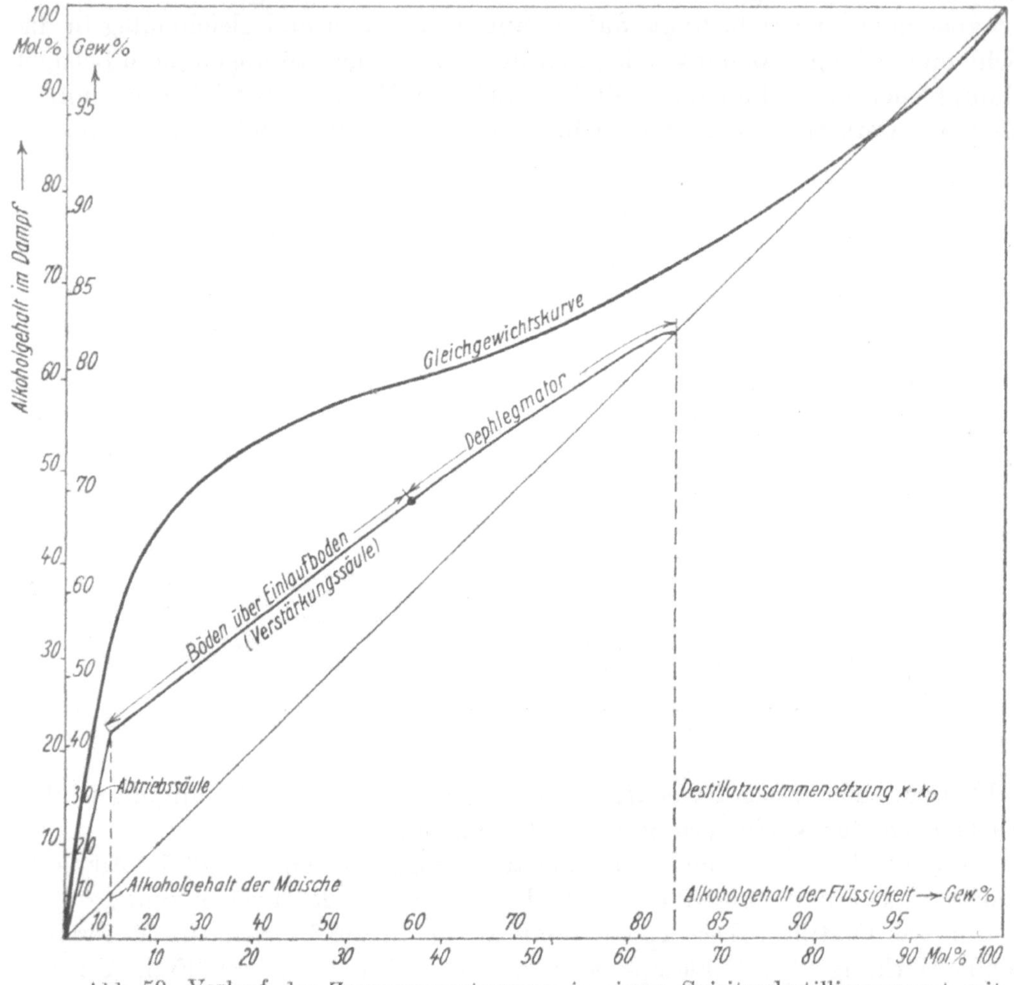

Abb. 59. Verlauf der Zusammensetzungen in einem Spiritusdestillierapparat mit Dephlegmator.

Niederschlagen von Dampf erreichen kann. Die Wirkungsweise des Dephlegmators wird erheblich verbessert, dadurch, daß man Flüssigkeit und Dampf im Gegenstrom zueinander führt. Es bleibt aber auch hier immer das Gesetz bestehen, daß dieselbe Verstärkungswirkung durch einige Böden mit geringerem Rücklaufwärmeaufwand erzielt werden kann als mit einem Dephlegmator.

Wie die Zusammensetzungen sich in einem Apparat mit Dephlegmator etwa verhalten, ist in Abb. 59 gezeigt. Bei dem der Abbildung zugrunde gelegten Apparate sind über dem Einlaufboden nur wenige Böden angeordnet, dann geht der Dampf in den Dephlegmator. Hier wird der Rücklauf nach oben kleiner. Die Gerade, die die Zusammensetzungen von Flüssigkeit und Dampf in jedem wagerechten Querschnitt angibt, muß daher für den im Dephlegmator verlaufenden Bereich in eine nach oben gekrümmte Kurve übergehen.

Die Destillierapparate für hochprozentigen Spiritus erhalten Bauhöhen von 10—15 m, so daß die Apparate durch 3—4 Geschosse hindurchgehen. Man war daher stets bestrebt, die Höhenausdehnung der Apparate herabzusetzen. Eine Verminderung der Gesamtbodenzahl ist nicht möglich, da diese ein Geringerwerden der Destillatzusammensetzung und der Reinigungswirkung zur Folge haben würde. Auch der Abstand von Boden zu Boden kann unter ein bestimmtes Maß nicht verringert werden, da sonst leicht Flüssigkeit auf den oberen Boden mitgerissen werden könnte. Der geringste Bodenabstand beträgt etwa bei Säulendurchmessern bis 600 mm mindestens 130—140 mm, bei Säulendurchmessern von 700—1000 mm mindestens 150—160 mm. Besonders in den Maischesäulen werden größere Bodenabstände ausgeführt. Man kann aber zur Verminderung der Bauhöhe die Verstärkungssäule ganz oder teilweise neben die Abtriebssäule setzen und den Rücklauf auf die Abtriebssäule zurückpumpen. Man hat dann also noch eine besondere Pumpe notwendig, von deren einwandfreiem Arbeiten der ganze Betrieb abhängt. Versagt sie, so füllt sich der untere Teil der Verstärkungssäule mit Spiritus, was eine unangenehme Betriebsstörung zur Folge hat. Statt mechanischer Pumpen werden daher oft Flüssigkeitsheber ohne bewegte Teile nach verschiedenen Bauweisen angewendet.

Die stündlich zu bewältigende Leistung eines Brennereiapparates ist möglichst so zu wählen, daß die Destillation der reifen Maische immer in der gleichen Zeit erfolgt wie die Herstellung der frischen Maische, damit der Maschinenabdampf zur Beheizung des Destillierapparates verwendet werden kann. Die Apparate für kleine Brennereien verarbeiten etwa 1000 l Maische stündlich, die für mittlere etwa 1500 l und die für größere etwa 2000 l Maische stündlich.

5. Die Abweichungen der Zusammensetzungen auf den Böden von den theoretisch ermittelten Werten.

Einen Anhalt für die Abweichungen zwischen den Zusammensetzungen auf den Böden, die in der beschriebenen Weise theoretisch ermittelt sind, und denjenigen, die sich in Wirklichkeit einstellen, geben Versuche von Dr. *E. Lühder* und Dr. *W. Kilp* (Zeitschr. f. Spiritusindustrie 1927, Nr. 20 und 21).

Von den beiden Apparaten war einer in einteiliger, der andere in zweiteiliger Anordnung gebaut, in beiden wurde jedoch der Rücklauf aus der Verstärkungssäule auf den obersten Boden der Maischesäule geführt. Beide Kolonnen hatten 16 Böden in der Maische- und 31 Böden in der Verstärkungssäule und erzeugten Spiritus von etwa 94 Gew.-%. Nachdem die Apparate mehrere Stunden mit normaler Leistung betrieben waren, wurden gleichzeitig Maische, Dampf und Kühlwasser abgestellt und sofort allen Böden Proben entnommen, die später untersucht wurden.

Die Entgeistung der Maische erfolgt in der Hauptsache auf den acht obersten Böden der Maischesäule. So betrug der Alkoholgehalt auf dem Einlaufboden 7,65 und 5,8 Vol.-% und auf dem achten Boden vom Einlaufboden gerechnet 0,27 und 0,03 Vol.-%. Auf den unteren Böden der Verstärkungssäule steigt der Alkoholgehalt zunächst sehr rasch, dann nach oben immer schwächer an. Er beträgt auf dem sechsten Boden von unten etwa 76 Gew.-%, auf dem zwölften 86,3 Gew.-%, auf dem zwanzigsten 91,5 Gew.-% und auf dem dreißigsten 93,8 Gew.-%.

Der Vergleich mit den theoretisch ermittelten Werten ist nur angenähert möglich, weil in der genannten Veröffentlichung über die Versuche keine Angaben über die angewendeten Rücklaufwärmen, die zugeführte Maischemengen und die dabei erhaltenen Destillatmengen gemacht sind. Sieht man von den unvermeidlichen Fehlern, die sich durch die Art der Versuchsausführung und auch bei der Untersuchung der Proben ergeben, ab, so bleiben in der Hauptsache zwei Umstände übrig, die einen Unterschied zwischen den theoretisch und praktisch erhaltenen Ergebnissen verursachen. In den theoretischen Betrachtungen handelt es sich immer um das binäre Gemisch Äthylalkohol-Wasser, während bei der Maischedestillation noch das Fuselöl auftritt, und zwar, wie bereits erwähnt, besonders auf den unteren Böden der Verstärkungssäule. Am größten ist der Fuselölgehalt etwa auf dem zweiten Boden der Verstärkungssäule von unten. Er betrug dort in dem einen Fall 30,8, im anderen etwa 27% bezogen auf 100 g Weingeist. Auf dem sechsten betrug er etwa 15%, auf dem zehnten 2,1%, auf dem zwanzigsten 0,22% und auf dem dreißigsten 0,022%, immer bezogen auf 100 g Weingeist. Der Teildampfdruck, den das Fuselöl infolge dieses hohen Gehaltes auf den unteren Böden der Verstärkungssäule besitzt, vermindert den Alkoholdampfteildruck, so daß der Alkoholgehalt im Dampf geringer wird. In der Tat weicht auch die auf den unteren Böden der Verstärkungssäule wirklich erzielte Anreicherung gegenüber der theoretisch ermittelten ganz besonders stark ab. Die Anwesenheit von anderen Stoffen als Alkohol und Wasser erklärt jedoch noch nicht allein die vorhandenen Unterschiede.

Die zweite Ursache für die Abweichung besteht darin, daß der von einem Boden aufsteigende Dampf und der von diesem Boden nach unten fließende Rücklauf sich nicht genau im Phasengleichgewicht befinden, wie es bei den theoretischen Darstellungen angenommen wird. Das Verhältnis der mit einem Boden wirklich erreichten zu der theoretisch möglichen ist der bereits erwähnte Bodenwirkungsgrad. Es zeigt sich nun, daß die Abweichung der mit einem Boden erzielten Anreicherung zu der theoretisch angenommenen um so größer ist, je größer die letztere ist. In den beiden untersuchten Spirituskolonnen betrug das genannte Verhältnis schätzungsweise für die obersten Böden der Maischesäule etwa 70%, für die mittleren etwa 80% und die unteren etwa 100%, für die untersten Böden der Verstärkungssäule etwa 30—50%, für die mittleren 70—90% und für die obersten etwa 90—100%. Hierbei ist die von *Bergström* angegebene Gleichgewichtskurve vorausgesetzt. Bei Verwendung der von *Sorel* angegebenen Kurve für die Dampfzusammensetzungen würden sich erheblich günstigere Werte für die Bodenwirkungsgrade ergeben.

Um den Unterschied zwischen den theoretischen und den wirklich vorhandenen Werten für die Zusammensetzungen auf allen Böden zu zeigen, ist in Abb. 60 der wahre Alkoholgehalt im Dampf als Ordinate und der der Flüssigkeit als Abzsisse aufgetragen. Aus den angegebenen Versuchen sind dabei Mittelwerte genommen, was zulässig ist, da beide Apparate bezüglich Bodenzahlen, Destillatzusammensetzung und Betriebsweise gleich waren und ferner die zahlreichen unvermeidlichen Fehlerquellen die Genauigkeit sowieso einschränken. Aus dem letzten Grunde wurden auch einige Werte ausgeglichen.

Wie aus Abb. 60 hervorgeht, arbeiten die untersten Böden der Verstärkungssäule bei weitem am schlechtesten. Es muß daher vorteilhaft erscheinen, wenn man etwa die untersten 10 Böden der Verstärkungssäulen von Spiritusdestillier- und Rektifizierapparaten bezüglich ihrer Bauweise mit besonderer Sorgfalt ausführt. So könnte man die von den Blasen zu durchdringende Flüssigkeitsschicht, das heißt den Abstand von der Unterkante der Glocken oder Kappen bis zur Oberkante der Rücklaufrohre, auf diesen Böden etwas größer machen, so daß die Berührungszeit zwischen Flüssigkeit und Dampf größer wird. Erreicht man durch derartige Maßnahmen eine Verbesserung des Wirkungsgrades der unteren Böden der Verstärkungssäule, so können unter Umständen einige Böden gespart werden, so daß die gesamte Bauhöhe des Apparates kleiner wird.

6. Die zweiteiligen Apparate.

Das Bestreben, eine für Verfütterungszwecke möglichst geeignete Schlempe zu erhalten, hat zur Entwicklung der zweiteiligen Apparate geführt, von denen ein Beispiel in Abb. 61 vereinfacht dargestellt ist. Die Maische wird auf den obersten Boden der Maischesäule gepumpt. Die Maischesäule dient nur als Abtriebssäule, aus ihrem Unterteil wird die Schlempe abgelassen. Der von dem obersten Boden der Maischesäule aufsteigende Dampf wird in eine zweite Kolonne geführt, die aus einer Verstärkungs- und einer Abtriebssäule besteht, die zum Unterschied von der Maischesäule Luttersäule genannt wird. Ist die Verstärkungssäule genügend hoch, so geht das Fuselöl, falls es nicht den unteren Böden dieser Säule entnommen wird, restlos in das Lutterwasser. Die Schlempe ist auf jeden Fall fuselölfrei. Außerdem ist sie stärker eingedickt als die eines einteiligen Apparates, da das Lutterwasser aus der Luttersäule gesondert abfließt.

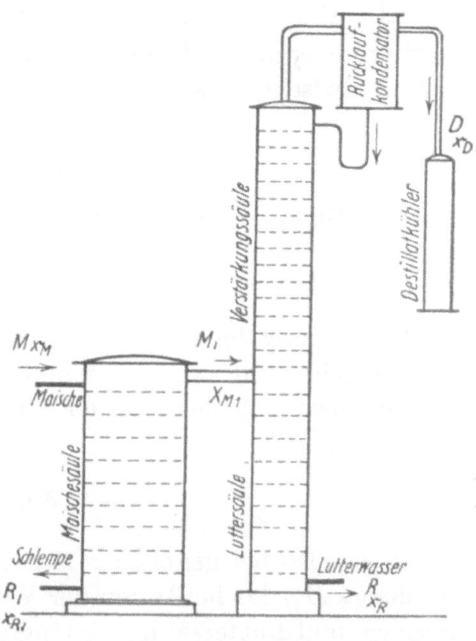

Abb. 61. Zweiteiliger Spiritusdestillierapparat.

Die Maischesäule unterscheidet sich von der Abtriebssäule eines einteiligen

Apparates dadurch, daß auf ihren obersten Boden nur die Maische, nicht der Rücklauf aus der Verstärkungssäule fließt. Die aus Lutter- und Verstärkungssäule bestehende zweite Säule unterscheidet sich von einem einteiligen Apparat dadurch, daß auf ihren Einlaufboden nicht die Maische, sondern der Dampf aus der Maischesäule geführt wird.

Unter der Voraussetzung, daß alle Mengen sich auf eine gleiche Destillatmenge beziehen, sei:

M = Maischemenge,
M_1 = Dampfmenge, die von dem obersten Boden der Maischesäule in die zweite Säule tritt,
R_1 = Schlempewassermenge,
R = Lutterwassermenge,
x_M = Alkoholgehalt der Maische in Mol.-%,
X_{M_1} = Alkoholgehalt des Dampfs M_1 in Mol.-%,
x_{R_1} = Alkoholgehalt der Schlempe in Mol.-%,
x_R = Alkoholgehalt des Lutterwassers in Mol.-%.

Für die Maischesäule gilt dann, wenn für Flüssigkeit und Dampf zwischen zwei beliebigen Böden die früher bereits angewendeten Bezeichnungen x und X beibehalten werden:

$$G X + R_1 x_{R_1} = g x. \qquad (83)$$

Wird die Maische mit Siedetemperatur oder nur wenig darunter eingeführt, so ist:

$$g = M, \qquad (84)$$

$$G = M_1, \qquad (85)$$

$$R_1 = M - M_1. \qquad (86)$$

Hiermit ergibt sich für die Flüssigkeits- und Dampfzusammensetzungen x bzw. X zwischen zwei beliebigen Böden der Maischesäule:

$$X = \frac{M}{M_1} x - \frac{(M - M_1)}{M_1} x_{R1}. \qquad (87)$$

Da man $x_{R1} = 0$ für normalen Betrieb setzen kann, ergibt sich:

$$X = \frac{M}{M_1} x. \qquad (88)$$

Die Steigung der Geraden für die Maischesäule eines zweiteiligen Apparates im X-x-Schaubild beträgt demnach: M/M_1. Für $x = x_M$ erhält man die Zusammensetzung des aus der Maischesäule aufsteigenden Dampfes aus der Gleichung:

$$X_{M1} = \frac{M}{M_1} x_M. \qquad (89)$$

Sie ist also bei gegebener Maischemenge und -zusammensetzung nur von der Menge M_1, das heißt von der Verteilung der zugeführten Wärmemenge auf Maische- und Luttersäule, abhängig. In ähnlicher Weise ergibt sich für die Luttersäule:

$$X = \frac{g x}{g + D - M_1} - \frac{(M_1 - D) x_R}{g + D - M_1}. \tag{90}$$

Da $x_R = 0$ gesetzt werden kann, erhält man für die Flüssigkeits- und Dampfzusammensetzungen zwischen zwei beliebigen Böden der Luttersäule:

$$X = \frac{g x}{g + D - M_1}. \tag{91}$$

Die Steigung dieser Geraden beträgt: $g/(g + D - M_1)$. Als notwendige Bedingung für eine gute Arbeitsweise wird man immer fordern müssen, daß x_R und x_{R1} den gleichen Geringstwert erreichen. Nimmt man an, daß die Bodenzahlen von Lutter- und Maischesäulen gleich sind, so ist das nur möglich, wenn sich zwischen Gleichgewichtskurve einerseits und den durch die obigen Gleichungen gegebenen Geraden für Maische- und Verstärkungssäule andererseits die gleichen Stufenzahlen entsprechend der gleichen Bodenzahl einzeichnen lassen. Dies ist aber nur möglich, wenn die Steigung der Geraden für die Maischesäule gleich der für die Gerade der Verstärkungssäule ist. Für diesen Fall ist die Zusammensetzung des vom obersten Boden der Maischesäule aufsteigenden Dampfes gleich der Zusammensetzung des vom obersten Boden der Luttersäule aufsteigenden Dampfes. Setzt man die Steigungen der beiden Geraden gleich, so ergibt sich für gleiche Bodenzahlen von Lutter- und Maischesäule:

$$\frac{M}{M_1} = \frac{g}{g + D - M_1}. \tag{92}$$

Da $M_1 - D = R$ und $M - M_1 = R_1$ ist, ergibt sich für gleiche Bodenzahlen von Lutter- und Maischesäule:

$$R_1 g = M R. \tag{93}$$

Führt man wieder die Verhältnisse u und v ein, indem man die Gleichung durch D dividiert, so erhält man:

$$R_1 v = u R. \tag{94}$$

Das Verhältnis u hängt von dem Alkoholgehalt in Destillat und Maische ab. Für Spiritus von 94 Gew.-% = 86 Mol.-% und Maische von 10 Gew.-% = 4,1 Mol.-% beträgt u etwa $= 86/4{,}1 = 21$. Nimmt man noch das Rücklaufverhältnis $v = 5$ an, so ergibt sich:

$$R = 0{,}238\, R_1.$$

Bei gleichen Dampfgeschwindigkeiten, bezogen auf den ganzen Querschnitt, müssen sich die Querschnitte von Maische- und Luttersäule wie die aufsteigenden Dampfmengen in Molen verhalten, also wie: $(M - R_1)/(g - R)$. Da $M = (R + R_1 + D) = 21$ für $D = 1$ ist, erhält man für die Abläufe aus der obigen Gleichung $R_1 = 16{,}15$, $R_2 = 3{,}85$.

Hieraus ergibt sich das Verhältnis der Säulenquerschnitte, das gleichzeitig auch das Verhältnis der den beiden Säulen zuzuführenden Wärmemengen ist:

$$\frac{M - R_1}{g - R} = \frac{21 - 16{,}15}{5 - 3{,}85} = 4{,}2.$$

Die Durchmesser von Maische- und Luttersäule verhalten sich also bei gleichen Dampfgeschwindigkeiten, gleichen Bodenzahlen unter den angegebenen Verhältnissen wie 2,05 zu 1. Meist wird die Maischesäule mit etwas kleinerem Durchmesser ausgeführt, so daß in ihr die Dampfgeschwindigkeit größer ist als in der Luttersäule.

Die Querschnitte von Verstärkungs- und Luttersäule verhalten sich bei gleicher Dampfgeschwindigkeit wie $(M_1 + g - R)/(g - R) = 5{,}2$. Die Durchmesser von Verstärkungs- und Luttersäule verhalten sich demnach bei gleichen Dampfgeschwindigkeiten wie 2,28/1. Oft wird die Verstärkungssäule mit gleichem Durchmesser wie die Luttersäule ausgeführt. Sie arbeitet dann also für die im Beispiel angenommenen Bedingungen mit mehr als doppelter Dampfgeschwindigkeit.

Da das Molekulargewicht des Wassers = 18 und das einer Alkohol-Wassermischung von 10 Gew.-% = 19,1 ist, beträgt das ablaufende Lutterwasser unter den angegebenen Bedingungen etwa $\frac{3{,}85 \cdot 18}{21 \cdot 19{,}1} = 17{,}3\%$ der zugeführten Maische. Der Rücklauf, bezogen auf den höchsten Boden der Luttersäule, ist $= 5/21 = 23{,}8\%$ der zugeführten Maische.

Ist die Maische alkoholärmer, wie es meist der Fall ist, zum Beispiel 8 Gew.-% = 3,3 Mol.-%, wenn ein Destillat von 94 Gew.-% = 86 Mol.-% Alkohol mit dem Rücklaufverhältnis $v = 5$ erhalten werden soll, so erhält man:

$$u = \frac{86}{3{,}3} = 26\,,$$

$$R + R_1 = 25\,,$$

$$\frac{R}{R_1} = \frac{5}{26} = 0{,}192\,,$$

$$R_1 = 21{,}0\,, \qquad R = 4{,}0\,.$$

Molekulargewicht der Maische bei 8 Gew.-% = 18,9. Das Verhältnis des Lutterwassers zur Maische beträgt demnach in Gew.-%: $\frac{4{,}0 \cdot 18}{26 \cdot 18{,}9} 100 =$ 14,7 Gew.-%.

Der auf dem obersten Boden der Luttersäule bezogene Rücklauf beträgt $5 \cdot 100/26 = 19{,}2\%$ der Maische.

Sind die Bodenzahlen von Maische- und Luttersäule gleich, so ist der Wärmebedarf eines zweiteiligen Apparates genau so groß wie der eines einteiligen, wenn man von den infolge der größeren Oberflächen etwas stärkeren Verlusten durch Leitung, Strahlung usw. absieht, denn in der Maischesäule wird kein besonderer Rücklauf erzeugt, und in der Verstärkungssäule ist der Rücklauf der gleiche wie bei einem einteiligen Apparat mit den gleichen Bodenzahlen.

Sind die Bodenzahlen von Maische- und Luttersäule nicht gleich, so verteilt sich die den beiden Säulen zuzuführende Dampfmenge in anderer Weise, wenn in beiden Säulen der Alkoholgehalt im Dampf einen bestimmten Geringstwert erreichen soll. In entsprechender Weise ändern sich auch die bei gleicher Dampfgeschwindigkeit anzuwendenden Durchmesser. Ist die Bodenzahl der Luttersäule größer als die der Maischesäule, so kann die ihr zuzuführende Wärmemenge verkleinert werden, und wenn sie kleiner ist, so muß die der Luttersäule zugeführte Dampfmenge im Verhältnis zu der bei gleichen Boden-

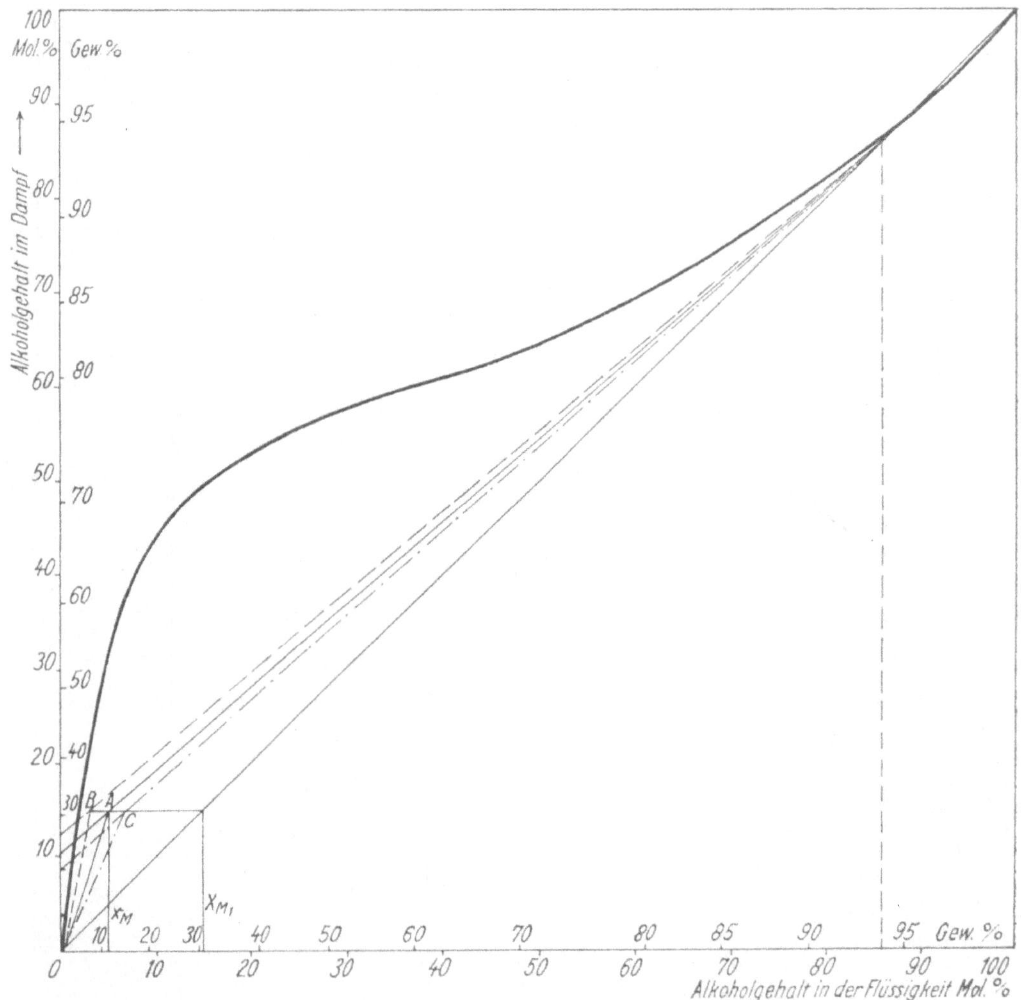

Abb. 62. Destillationsverlauf in einem zweiteiligen Apparat bei unveränderlicher Wärmezufuhr zur Maischesäule.

zahlen zugeführten Dampfmenge vergrößert werden, wenn in beiden Säulen der Alkoholgehalt im Ablauf den gleichen Geringstwert erhalten soll.

Zur Erläuterung dieser Verhältnisse sind in Abb. 62 für drei verschieden starke Rückläufe die Geraden für die Verstärkungssäule in einem X-x-Schaubild eingetragen. Die der Maischesäule zugeführte Wärmemenge sei für alle drei Fälle die gleiche und daher die Gerade für die Maischesäule durch $O - A$ auf Abb. 62 gegeben. Die Gerade für die Luttersäule muß dann bei dem kleinen

Rücklauf durch $O - B$, bei dem mittleren durch $O - A$ und bei dem großen Rücklauf durch die Gerade $O - C$ gegeben sein. Die Zusammensetzungen von Flüssigkeit und Dampf zwischen zwei beliebigen Böden, die sich in der beschriebenen Weise theoretisch ergeben, sind dann durch die zwischen diesen Geraden und der Gleichgewichtskurve verlaufenden Linienzüge gegeben.

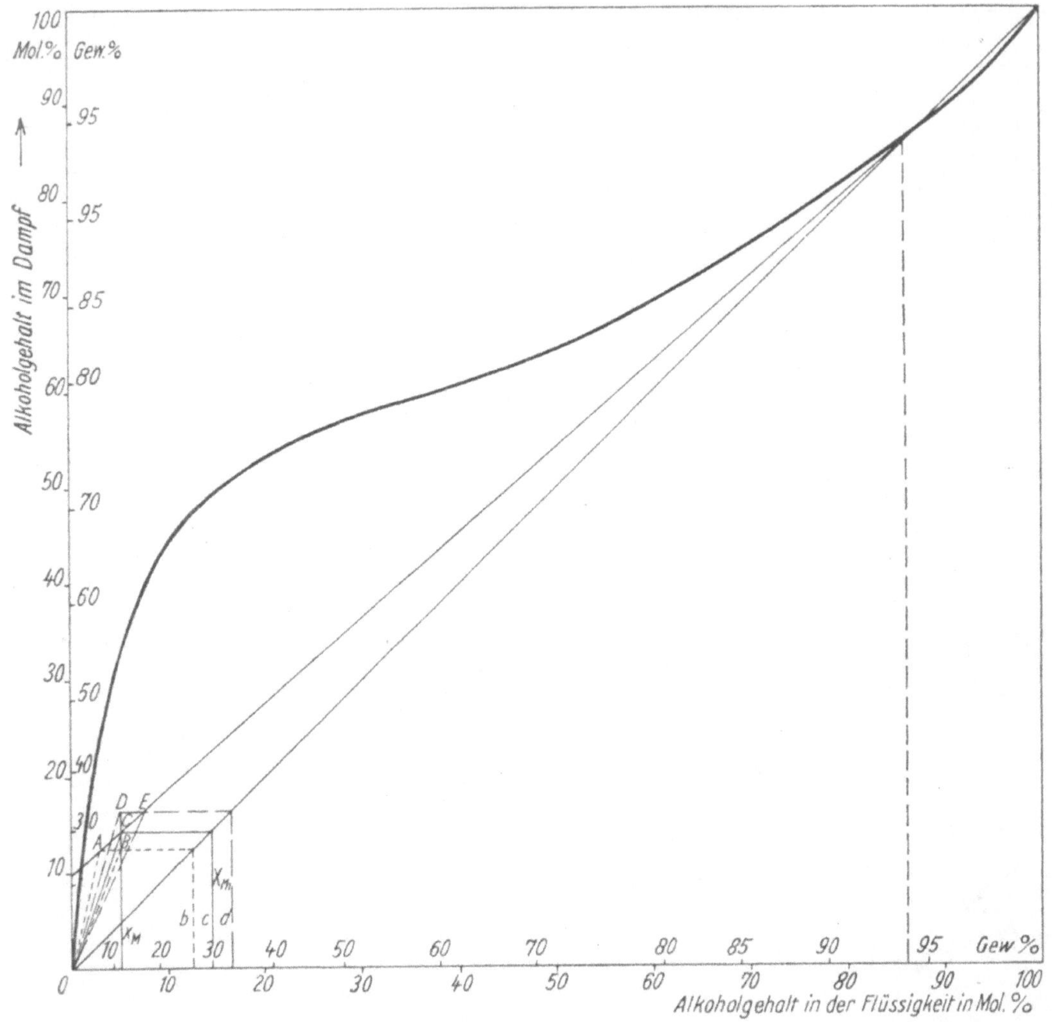

Abb. 63. Destillationverlauf in einem zweiteiligen Apparat bei unveränderlicher Wärmezufuhr zur Luttersäule.

Die zwischen $O - B$ und Gleichgewichtskurve einzuzeichnende Stufenzahl ist viel größer, als dies zwischen $O - A$ und Gleichgewichtskurve möglich ist. Die Luttersäule müßte also eine größere Bodenzahl bei der kleinen Rücklaufmenge erhalten, wenn der Alkoholgehalt in den Abläufen beider Säulen den gleichen Geringstwert erhalten soll. Bei einer gegebenen Bodenzahl der Luttersäule besteht demnach bei einer Verringerung des Rücklaufs aus der Verstärkungssäule die Gefahr, daß der Alkoholgehalt im Lutterwasser steigt. Wie sich aus

Abb. 62 ergibt, kann schon bei verhältnismäßig kleinen Rücklaufschwankungen Alkohol im Lutterwasser auftreten.

Betrachtet man jetzt den Rücklauf aus der Verstärkungssäule als unveränderlich und die der Maischesäule zugeführte Wärmemenge als veränderlich, so ergibt sich das auf Abb. 63 dargestellte Schaubild. Bei verhältnismäßig großer Dampfzufuhr zur Maischesäule ist die Gerade für diese Säule durch $O - B$, bei mittlerer durch $O - C$ und bei kleiner Wärmezufuhr durch die Gerade $O - D$ auf Abb. 63 gegeben. Entsprechend ist die Zusammensetzung des aus der Maischesäule aufsteigenden Dampfes x_{M1} durch die Abszissen b, c und d bestimmt. Die Gerade für die Luttersäule ist im ersten Fall durch die Gerade $O—A$, im zweiten durch $O—C$ und im dritten durch die Gerade $O—E$ gegeben. In entsprechender Weise wie bei den früheren Betrachtungen ergibt sich, daß bei zu großer Dampfzufuhr zur Maischesäule leicht Alkoholverluste in der Luttersäule und bei zu kleiner Dampfzufuhr zur Maischesäule leicht Alkoholverluste in der aus der Maischesäule austretenden Schlempe auftreten können, da in diesen Fällen die betreffenden Geraden sich der Gleichgewichtskurve stark nähern. Der Alkoholgehalt des aus der Maischesäule aufsteigenden Dampfs wird, wie sich aus Abb. 63 ergibt, um so geringer, je größer die der Maischesäule zugeführte Dampfmenge ist.

Aus den Betrachtungen ergibt sich, daß im allgemeinen mit einem zweiteiligen Apparat leichter Alkoholverluste auftreten können als mit einem einteiligen.

7. Die vielteiligen Apparate.

Das Bestreben, einen hochgradigen Spiritus von größter Reinheit in einem ununterbrochenen Arbeitsverfahren zu erhalten, hat zur Ausbildung der vielteiligen Apparate geführt. Die Ausbildung und Arbeitsweise der Apparate ist je nach der Reinheit, die an das Erzeugnis gestellt werden, verschieden.

Bei der Reinigung in absatzweise arbeitenden Apparaten entsteht bei jedem Abtrieb nur ein kleiner Teil hochgradigen, besten Feinsprits, der etwa 70—75% der gesamten, dem Apparat zugeführten Alkoholmenge entspricht. Der Rest muß also nochmals aufgearbeitet werden, wenn eine möglichst große Menge besten Feinsprits erzeugt werden soll. Auch dann bleibt immer noch ein erheblicher Teil von nicht genügend reinem Spiritus übrig.

Die vielteiligen Apparate sollen daher gleichzeitig so wirken, daß der verunreinigte Spiritusrest möglichst gering ist und die zugeführte Alkoholmenge möglichst ganz im Feinsprit enthalten ist.

Am schwierigsten ist die vollständige Entfernung der Vorlaufbestandteile. Es wird meist eine besondere Vorlaufkolonne verwendet, die den Spiritus auf hohe Alkoholstärken bringt, um die Vorlaufbestandteile im Destillat stark anzureichern. Die aus der Vorlaufkolonne abgezogene verunreinigte Spiritusmenge beträgt bei guten Apparaten nur wenige Prozent der zugeführten Maische- oder Rohspritmenge. Der aus dem Unterteil der Vorlaufkolonne ablaufende, nahezu vorlauffreie Spiritus wird der aus Abtriebs- und Verstärkungssäule bestehenden Hauptkolonne zugeführt. Die Verstärkungssäule wird meist neben die Abtriebssäule gesetzt, um unterhalb der Verstärkungssäule noch Platz für einen Rücklaufvorratsbehälter — den sog. Akkumulator — zu erhalten, der die Ausgleichung von Belastungsschwankungen, die im Betrieb vorkommen, ermöglichen soll. Oft wird auch die Vorlaufkolonne auf die Abtriebssäule der Hauptkolonne gesetzt.

In der Hauptkolonne wird der Spiritus auf einen Alkoholgehalt über 94 Gew.-% gebracht, so daß das Destillat fuselölfrei wird. Um die letzten Reste von Vorlaufbestandteilen und diejenigen, die sich bei der Destillation vielleicht noch gebildet haben, zu entfernen, wird das Destillat, bevor es in den Alkoholkühler und den Prüfauslauf gelangt, in eine kleine Nachrektifizier-

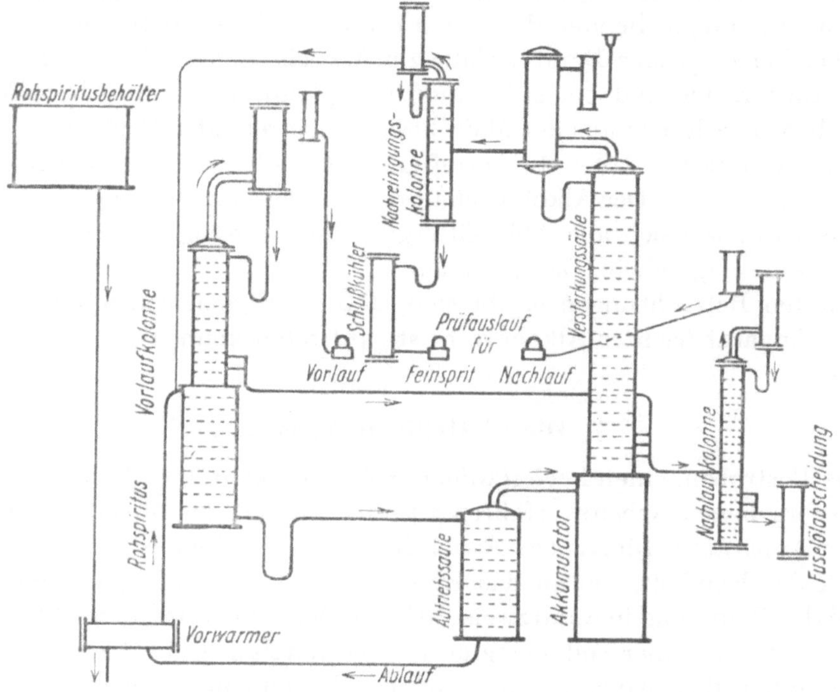

Abb. 64. Ununterbrochen arbeitender Spiritusrektifizierapparat.

säule geschickt. Das aus dem Rücklaufkondensator der Hauptkolonne kommende Destillat wird etwa in die Mitte dieser Säule eingeführt. Aus ihrem Oberteil wird eine geringe, durch Vorlaufbestandteile verunreinigte Spiritusmenge abgezogen und zweckmäßig in die Vorlaufkolonne zurückgeführt. Aus ihrem Unterteil wird der vollständig gereinigte Alkohol in den Schlußkühler geleitet. Aus dem unteren Teil der Verstärkungssäule der Hauptkolonne und auch der Vorlaufkolonne wird das Fuselöl abgezogen und in eine besondere Nachlaufkolonne geführt. Aus ihrem unteren Teil läuft das Fuselöl ab, ihrem Oberteil wird der durch Fuselölbestandteile verunreinigte Spiritus — der Nachlauf — entnommen.

Ein vollständiger Reinigungsapparat arbeitet also mit vier Kolonnen, von denen jede mit einem besonderen Rücklaufkühler versehen sein muß. Da alle

Apparate unter Atmosphärendruck arbeiten, sind an diese Kühler noch besondere Luftkühler angeschlossen, die mit der Außenluft in Verbindung stehen und die Vermeidung von Alkoholverlusten bewirken.

Zur Reinigung genügen oft auch Apparate, die nicht mit Nachreinigungs- und Nachlaufkolonne versehen sind und also nur eine Vorlauf- und Hauptkolonne besitzen.

Soll auch unmittelbar Maische verarbeitet werden, so muß noch eine besondere Maischesäule vorgesehen werden, in der die Maische entgeistet wird. Die festen Bestandteile der Maische gehen dann aus dem Unterteil der Maischesäule als Schlempe aus der Apparatur. Die Vorwärmung der Maische oder des Rohsprits erfolgt bei den vielteiligen Apparaten meist durch den heißen Ablauf aus der Maische bzw. Abtriebssäule der Hauptkolonne, während bei allen anderen Spiritusdestillier- und Rektifizierapparaten ein Teil der im Rücklaufkondensator entzogenen Rücklaufwärme hierzu benutzt wird. Zur Kondensation des Dampfes für den Rücklauf wird bei den vielteiligen Apparaten nur Wasser, nicht Maische oder Rohsprit verwendet.

Für einen vollständigen vielteiligen Spiritusrektifizierapparat ergibt sich demnach, wenn man alles Nebensächliche der Übersichtlichkeit wegen wegläßt, das in Abb. 64 dargestellte Bild.

8. Die Herstellung von wasserfreiem Alkohol.

In den üblichen, mit atmosphärischem Druck arbeitenden Destillier- und Rektifizierapparaten kann man im günstigsten Falle einen Spiritus mit etwa 94—95 Gew.-% erhalten, weil das Gemisch Äthylalkohol-Wasser bei dieser Zusammensetzung einen Minimumsiedepunkt besitzt, bei dem also Flüssigkeits- und zugehörige Dampfzusammensetzung gleich sind.

Am einfachsten zur Herstellung von wasserfreiem Alkohol ist die Verwendung fester, wasserentziehender Stoffe. Man kann hierzu Kaliumcarbonat verwenden, über das man den Spiritus kalt mehrmals laufen läßt. Ebenso kann zur Entwässerung Kalk benutzt werden, wobei man zweckmäßig den Spiritus in Dampfform über den Kalk führt. Man muß etwa 5 kg CaO für 1 kg Wasser anwenden, also rund 60% mehr, als theoretisch erforderlich sind. Der Alkoholverlust beträgt etwa 7—10%.

Bewährt hat sich auch die Destillation mit flüssigem Glycerin, das man ununterbrochen von einem der obersten Böden der Verstärkungssäule herablaufen läßt. Das im Unterteil der Kolonne aufgefangene Glycerin wird durch Wasserdampf von den Spiritusmengen, die es noch enthält, befreit.

Ein Verfahren, das noch keine Anwendung gefunden hat, beruht auf den Vorgängen bei der Diffusion von Gasen durch poröse Wände. Verschiedene Gase durchdringen poröse Wände nicht gleichmäßig, die Durchgangsgeschwindigkeiten der einzelnen Gase stehen vielmehr in dem umgekehrten Verhältnis wie die Quadratwurzeln ihrer Dampfdichten. Der Wasserdampf durchdringt daher die porösen Wandungen schneller als die Spiritusdämpfe, so daß auf diesem Wege eine Verstärkungswirkung möglich ist.

Eine weitere Möglichkeit zur Entwässerung von Spiritus bietet der Umstand, daß mit sinkendem Druck der Alkoholgehalt im ausgezeichneten Gemisch zunimmt, das heißt, daß bei Drücken unter 760 mm-QS auch über 95 Gew.-% der Flüssigkeit der Alkoholgehalt im Dampf höher ist als der der Flüssigkeit, aus der er entstand. Man kann daher durch die Destillation unter Luftleere fast vollständig wasserfreien Alkohol erhalten.

Eine bereits erwähnte Möglichkeit bietet der Umweg über ein ternäres Gemisch. Zweckmäßig wird hierzu Benzol verwendet, das mit Äthylalkohol und Wasser zusammen ein ternäres Gemisch mit Minimumsiedepunkt besitzt. Führt man das Verfahren in einem Apparat mit genügend hoher Verstärkungssäule aus, so geht also unabhängig vom Benzolzusatz immer ein Gemisch mit der dem Minimumsiedepunkt entsprechenden Zusammensetzung in den

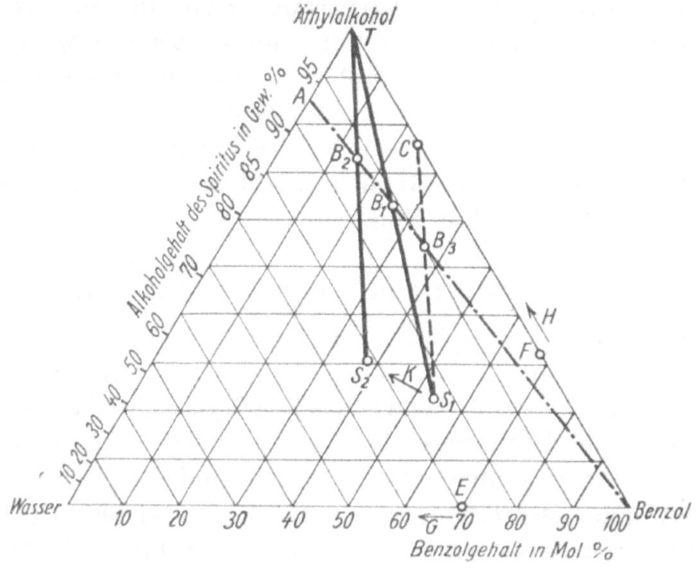

Abb. 65. Spiritusentwässerung durch Destillation mit Benzolzusatz.

Destillatkühler. In dem Koordinatendreieck auf Abb. 65 ist diese Zusammensetzung durch Punkt S_1 gegeben. Der theoretisch geringste Benzolzusatz, mit dem bei Atmosphärendruck die Entwässerung möglich ist, ergibt sich in folgender Weise. Auf der Äthylalkohol-Wasserseite des Koordinatendreiecks ist der Alkoholgehalt des zu entwässernden Spiritus in Gew.-% aufgetragen. Verbindet man den die Spirituszusammensetzung darstellenden Punkt, der in dem Beispiel durch Punkt A gegeben sei, durch eine Gerade mit der Benzolspitze des Dreiecks, so müssen alle Zusammensetzungen des ursprünglich in die Blase gefüllten Gemisches unabhängig vom Benzolzusatz auf dieser Geraden liegen. Die Zusammensetzung der ursprünglichen Mischung, die dem theoretisch geringsten Benzolzusatz entspricht, ist dann durch den Schnittpunkt mit der Geraden gegeben, die den Minimumsiedepunkt S_1 mit der Äthylalkoholspitze des Dreiecks verbindet. Für einen Spiritus mit dem durch Punkt A gegebenen Alkoholgehalt ist also der geringste Benzolzusatz so zu bestimmen, daß die

Ausgangsmischung in ihrer Zusammensetzung dem Punkt B_1 entspricht. Dabei müssen etwa 66 kg Benzol auf 100 kg Spiritus verwendet werden. Man arbeitet aber meist mit einem kleinen Benzolüberschuß, so daß die der Apparatur zugeführte Mischung zum Beispiel die dem Punkt B_3 entsprechende Zusammensetzung hat. In diesem Fall geht bei der Destillation in einem absatzweise arbeitenden Apparat der Wassergehalt allmählich in der Blase zurück, bis schließlich ein Alkohol-Benzol-Gemisch in der Blase zurückbleibt, dessen Zusammensetzung in dem Beispiel durch Punkt C bestimmt wird. Das Destillat hat aber dann bei der weiteren Destillation nicht mehr die Zusammensetzung des Minimumsiedepunktes des ternären Gemisches S_1, sondern ungefähr die des Minimumsiedepunktes des Alkohol-Benzol-Gemisches, der durch Punkt F gegeben ist. Bei der weiteren Destillation bleibt dann reiner Alkohol in der Blase zurück. Die Lage des Minimumsiedepunktes S_1 des ternären Gemisches hängt mit der Lage des Minimumsiedepunktes des Alkohol-Benzol-Gemisches F und dem des WasserBenzol-Gemisches E zusammen.

Mit steigendem Druck steigt nach der Regel von *Wrewsky* der Alkoholgehalt im ausgezeichneten Punkt des Alkohol-Benzol-Gemisches, so daß bei einer Druckerhöhung der Punkt F in der durch den Pfeil H angedeuteten Richtung sich verschiebt (Siehe Seite 16). Gleichzeitig steigt mit größer werdendem Druck auch der Wassergehalt des ausgezeichneten Punktes des Wasser-Benzol-Gemisches, so daß der Punkt E in der durch den Pfeil G angedeuteten Richtung bei einer Erhöhung des Destillationsdrucks wandert. Da nun die Lage des Punktes S_1 mit der der Punkte E und F zusammenhängt, muß sich bei einer Druckerhöhung auch der Punkt S_1 verschieben, und zwar ungefähr in der durch den Pfeil K angegebenen Richtung. Hat, wie als Beispiel angenommen sei, der Minimumsiedepunkt des ternären Gemisches bei einer Drucksteigerung die durch Punkt S_2 gegebene Lage in dem Koordinatendreieck, so muß für den Fall des geringsten Benzolzusatzes die Ausgangsmischung für die durch Punkt A gegebene Spirituszusammensetzung die dem Punkt B_2 entsprechende Zusammensetzung haben. Es ergibt sich daraus, daß man bei einer Druckerhöhung mit einem geringeren Benzolzusatz auskommt, was *v. Keußler* zuerst festgestellt hat. Verschiebt man den Punkt A, so erkennt man, daß der Benzolzusatz gleichzeitig um so kleiner werden kann, je hochgradiger der Spiritus ist.

An Stelle des Benzols kann man auch andere Stoffe, zum Beispiel Benzin, Chloroform, Tetrachlorkohlenstoff, Schwefelkohlenstoff verwenden.

Die Benzoldestillation nach *Young* unter Atmosphärendruck wird in einer normalen Kolonne mit Böden ausgeführt, der ständig Benzol zugeführt wird. Der zu entwässernde Spiritus gelangt aus dem Vorratsbehälter über einen Zuflußregler in die Kolonne, aus deren Unterteil der reine Alkohol abläuft. Die von dem obersten Boden der Verstärkungssäule aufsteigenden Dämpfe werden niedergeschlagen und das Kondensat tief gekühlt, so daß es sich in zwei Schichten scheidet. Die obere stark benzolhaltige Schicht wird in die Kolonne zurückgeführt, die untere Schicht, die alle drei Bestandteile enthält, wird in zwei besonderen, kleineren Kolonnen verarbeitet. In der ersten dieser beiden

Nebenkolonnen wird das Benzol als Destillat abgetrennt und das in dieser Kolonne als Ablauf erhaltene Alkohol-Wasser-Gemisch in der zweiten Säule in Spiritus und Wasser zerlegt. Benzol und Spiritus werden dann wieder in die Hauptkolonne zurückgeführt. Der Dampfverbrauch wird mit etwa 240 kg je Hektoliter absoluten Alkohols angegeben.

Die Benzol-Druckdestillation nach *v. Keußler* (Zeitschr. der Ver. Deutscher Ingenieure Bd. 71, 1927, Nr. 26 S. 925) wird mit 10 at ausgeführt, wobei ein Zusatz von 25 Vol.-% Benzol genügt. Das Verfahren arbeitet mit zwei Säulen, wovon nur eine mit Hochdruck betrieben wird. Spiritus und Benzol werden in einem Ansatzgefäß gemischt und über einen Vorwärmer durch eine zehnstufige Kreiselpumpe der Hochdrucksäule zugeführt. Das in dem Unterteil der Hochdrucksäule sich sammelnde Gemisch von wasserfreiem Alkohol und überschüssigem Benzol geht in die Niederdrucksäule, aus deren Unterteil der reine Alkohol in den Schlußkühler abläuft. Das Destillat aus der Hochdrucksäule gelangt über ein Drosselventil und einen Kühler in einen Scheidetrichter, wo sich das Benzol von dem Alkohol-Wasser-Gemisch trennt. Dieses Gemisch wird in einer besonderen Säule verstärkt und das Destillat, ebenso wie das aus der Niederdrucksäule und das Benzol aus dem Scheidetrichter, in das Ansatzgefäß zurückgeleitet. Nur die Hochdrucksäule wird mit Frischdampf von 8 at Überdruck beheizt. Von der der Hochdrucksäule zugeführten Wärmemenge werden etwa vier Fünftel zur Erzeugung des Rücklaufs im Rücklaufkühler, ein Fünftel im Schlußkühler abgeführt. Der im Rücklaufkühler der Hochdrucksäule erzeugte Dampf, der etwa 0,5 at Überdruck hat, wird zur unmittelbaren Beheizung der Spiritusverstärkungssäule verwendet. Das heiße Kühlwasser aus den Rücklaufkühlern der Spiritusverstärkungssäule und der Niederdrucksäule wird zur Vorwärmung des Spiritus-Benzol-Gemischs auf 60° C benutzt. Das aus der Heizschlange der Hochdrucksäule austretende Gemisch von Abdampf und Kondensat wird der Heizschlange der Niederdrucksäule zugeführt. Das Kühlwasser aus den Schlußkühlern wird zur Vorwärmung des Rohsprits verwendet. Durch die bei 10 at Überdruck mit größer werdendem Kolonnendurchmesser rasch wachsenden Wandstärken ist die Leistung der Apparatur beschränkt. Sie beträgt im Höchstfall etwa 25000 l an reinem Alkohol täglich. Bei größeren Anlagen müssen zwei oder mehrere gleiche Apparaturen verwendet werden.

Namen- und Sachregister.

Additional information of this book

(Destillieren und Rektifizieren; 978-3-662-27635-8) is provided:

http://Extras.Springer.com

MONOGRAPHIEN
ZUR
CHEMISCHEN APPARATUR

Begründet von **Dr. A. J. Kieser**

Herausgegeben von **Berthold Block**

Früher bereits erschienen:

Band 1: **Schröder, Hugo,** Die Schaumabscheider als Konstruktionsteile chemischer Apparate. Ihre Bauart, Arbeitsweise und Wirkung. Mit 86 Fig. im Text. Vergriffen

Band 2: **Jordan,** Dr.-Ing. **H.,** Die drehbare Trockentrommel für ununterbrochenen Betrieb. (Vergriffen!)

Band 3: **Schröder, Hugo,** Die chemischen Apparate in ihrer Beziehung zur Dampffaßverordnung, zur Reichsgewerbeordnung und den Unfallverhütungsvorschriften der Berufsgenossenschaft der chemischen Industrie. Eine gewerberechtliche Studie. Mit 1 Figur im Text. Geh. RM 1.50

Zeitschrift für angewandte Chemie: ... ein Führer durch den Irrgarten der bundesstaatlichen Verordnungen über die Einrichtung und den Betrieb von Dampffässern und als solcher sowohl für die chemische wie für die Apparatebau-Industrie ein unentbehrliches Hilfsmittel.

Band 4: **Block, Berthold,** Die sieblose Schleuder zur Abscheidung von Sink- und Schwebestoffen aus Säften, Laugen, Milch, Blut, Serum, Lacken, Farben, Teer, Öl, Hefewürze, Papierstoff, Stärkemilch, Erzschlamm, Abwässern. Theoretische Grundlagen und praktische Ausführungen. Mit 131 Fig. im Text. Geh. RM 6.—, geb. RM 8.—

Zeitschrift des Vereins deutscher Ingenieure: Das Werk von B. Block ist ein gutes Buch, das ich mit Wohlgefallen gelesen habe; denn es löst die Aufgabe, die es sich gestellt hat, die sieblose Schleuder darzustellen, klar und deutlich und, soweit ich urteilen kann, vollständig, so daß es vielen ein vortrefflicher Führer auf diesem Gebiet sein kann. (E. Hausbrand.)

Band 5: **Wurtz,** Ober-Ing. **Ed.,** Die Viskosekunstseidefabrik, ihre Maschinen und Apparate. Mit 59 Abbildungen im Text und auf 4 Tafeln. Geh. RM 6.— geb. RM 8.—.

Melliand Textilberichte: ... Einen erweiterten Sonderdruck einer Veröffentlichung des Verfassers in der Zeitschrift „Chemische Apparatur" stellt die vorliegende Monographie dar, sie soll zur weiteren Verbreitung der Kenntnisse auf dem Gebiet der Kunstseideindustrie beitragen. In ihm führt ein Praktiker mit Unterstützung der Düsseldorf-Ratinger Maschinen- und Apparatebau-A.-G., Ratingen, unter Zuhilfenahme von 59 Abbildungen in Gestalt von Schaubildern und technischen Zeichnungen die Herstellung der Viskosekunstseide technisch klar vor Augen und gibt so ein zutreffendes Bild einer Viskosekunstseidefabrik. Mit Rücksicht auf die große Vielseitigkeit der in der Industrie verwendeten technischen Hilfsmittel und den schnellen Wechsel ihrer Konstruktionen, hervorgerufen durch Änderungen und Verbesserungen der chemischen Verfahren und technischen Einrichtungen, kann der Inhalt des Buches natürlich nur ein Fundament für weitere Forschungen und Verbesserungen sein. Das Studium seines Inhalts kann deshalb allen denen, die sich der Kunstseideindustrie, dessen wichtigstes Glied heute zweifellos die Herstellung der Viskosekunstseide ist, widmen wollen oder in ihr arbeiten nur empfohlen werden.

Chemische Technologie

in Einzeldarstellungen

Begründer: **Prof. Dr. Ferd. Fischer**

Herausgeber: **Prof. Dr. Arthur Binz**

Bisher erschienen folgende Bände:

Allgemeine chemische Technologie:

Kolloidchemie. Von Prof. Dr. Dr.-Ing. h. c. Richard Zsigmondy. Fünfte Auflage. I: Allgemeiner Teil. Mit 7 Tafeln und 34 Figuren im Text. Geh. RM 11.—, geb. RM 13.50. II: Spezieller Teil. Mit 1 Tafel und 16 Figuren im Text. Geh. RM 14.—, geb. RM 16.—.

Sicherheitseinrichtungen in chemischen Betrieben. Von Geh. Reg.-Rat Prof. Dr.-Ing. Konrad Hartmann, Berlin. Mit 254 Abbildungen. Geb. RM 17.—.

Zerkleinerungsvorrichtungen und Mahlanlagen. Von Ing. Carl Naske, Berlin. Vierte Auflage. Mit 471 Abbildungen. Geh. RM 33.—, geb. RM 36.—.

Mischen, Rühren, Kneten. Von Prof. Dr.-Ing. H. Fischer, Hannover. Zweite Auflage. Durchgesehen von Prof. Dr.-Ing. Alwin Nachtweh, Hannover. Mit 125 Figuren im Text. Geh. RM 5.—, geb. RM 7.—.

Sulfurieren, Alkalischmelze der Sulfosäuren, Esterifizieren. Von Geh. Reg.-Rat Prof. Dr. Wichelhaus, Berlin. Mit 32 Abbildungen und 1 Tafel. Vergriffen.

Verdampfen und Verkochen. Mit besonderer Berücksichtigung der Zuckerfabrikation. Von Ing. W. Greiner, Braunschweig. Zweite Auflage. Mit 28 Figuren im Text. Geh. RM 6.—, geb. RM 8.—.

Filtern und Pressen zum Trennen von Flüssigkeiten und festen Stoffen. Von Ingenieur F. A. Bühler. Zweite Auflage. Bearbeitet von Prof. Dr. Ernst Jänecke. Mit 339 Figuren im Text. Geh. RM 7.—, geb. RM 9.—.

Die Materialbewegung in chemisch-technischen Betrieben. Von Dipl.-Ing. C. Michenfelder. Mit 261 Abbildungen. Geb. RM 15.—.

Heizungs- und Lüftungsanlagen in Fabriken. Mit besonderer Berücksichtigung der Abwärmeverwertung bei Wärmekraftmaschinen. Von Obering. V. Hüttig, Professor an der Technischen Hochschule Dresden. Zweite, erweiterte Auflage. Mit 157 Figuren und 22 Zahlentafeln im Text und auf 6 Tafelbeilagen. Geh. RM 20.—, geb. RM 23.—.

Reduktion und Hydrierung organischer Verbindungen. Von Dr. Rudolf Bauer (†), München. Zum Druck fertiggestellt von Prof. Dr. H. Wieland, München. Mit 4 Abbildungen. Geb. RM 18.—.

Messung großer Gasmengen. Von Ob.-Ing. L. Litinsky, Leipzig. Mit 138 Abbildungen, 37 Rechenbeispielen, 8 Tabellen im Text und auf 1 Tafel, sowie 13 Schaubildern und Rechentafeln. Geh. RM 16.—, geb. RM 18.—.

Physikalisch-chemische Grundlagen der chemischen Technologie. Von Dr. Georg-Maria Schwab, Würzburg. Mit 32 Abbildungen im Text. Geh. RM 10.—, geb. RM 12.50.

PHYSIKALISCH-CHEMISCHE GRUNDLAGEN DER CHEMISCHEN TECHNOLOGIE

Von **Dr. Georg-Maria Schwab**

Privatdozent an der Universität Würzburg

Mit 32 Abbildungen im Text. Geheftet RM 10.—, gebunden RM 12.50

Vorwort

Die stetig anwachsende Durchdringung der chemischen Technik mit physikalisch-chemischen Verfahren und Prinzipien, die gegenwärtig vor sich geht, bedingt die Entstehung einer neuen angewandten Wissenschaft mit eigener Literatur, der physikalisch-chemischen Technologie. Zu dieser Literatur soll der vorliegende Band einen Beitrag darstellen. Er wendet sich einmal an die Chemiker, die in den Betrieben tätig sind, in denen sich die physikalisch-chemische Orientierung gerade vollzieht oder in Zukunft zu erwarten steht, vielfach Chemiker, die in ihren vielleicht lang zurückliegenden Studienjahren von der jungen physikalischen Chemie nicht allzuviel erfahren konnten oder wollten, gemäß der damaligen Einstellung in Forschung und Industrie. Ferner ist an die Studierenden gedacht, deren Ausbildung durch einen Hinweis auf die physikalisch-chemischen Bedingtheiten der Technik vertieft werden soll.

Inhaltsübersicht:

I. Atom und Molekel (Atombau; Kernbau und Radioaktivität; Radiumgewinnung; Molekelbau). **II. Kolloidchemie** (Gleichgewicht im kolloiden System; Teilchenvergrößernde Kräfte; Trennende Kräfte). **III. Aggregatzustände** (Gase; Flüssigkeiten; Fester Zustand; Phasenregel). **IV. Thermodynamik** (I. Hauptsatz; II. Hauptsatz; Chemisches Gleichgewicht; III. Hauptsatz). **V. Reaktionsgeschwindigkeit** (Katalyse; Metastabile Gleichgewichte). **VI. Elektrochemie** (Ionenreaktionen; Elektrolyse; Galvanische Elemente; Elektrochemie der Gase). **VII. Photochemie.**

PROJEKTIERUNGEN UND APPARATUREN FÜR DIE CHEMISCHE INDUSTRIE

1. Gruppe:

NITROCELLULOSE, SYNTHETISCHER CAMPHER, PULVER

Von

I. L. Carl Eckelt und **Dr. Otto Gassner**

Ingenieure zu Berlin

Mit 146 Abbildungen

Geheftet RM 15.—, gebunden RM 18.–

Gummi-Zeitung: Dieses Werk ist dazu bestimmt, eine unstreitig bestehende Lücke auszufüllen. Theorie und Chemismus der betreffenden Fabrikationen sind eingehend beschrieben worden, während eine ausführlichere Beschreibung der dazu erforderlichen Apparaturen bisher fehlte. Das Werk wird nicht nur dem studierenden Chemiker Nutzen bringen, sondern auch dem Schüler der Apparatebauschulen und dem Ingenieur der chemischen Industrie. Ausstattung und Ausführung der Abbildungen sind erstklassig.

Dinglers polytechnisches Journal: Dies Buch, wie vermutlich auch die ganze Sammlung, ist eine wertvolle Bereicherung der Literatur über präparative und technische Chemie, indem es in Form einer konzentrierten Darstellung allen denen, welche mit der Materie in Berührung kommen, dem Chemiker wie dem Apparatebauschüler, dem chemischen Ingenieur wie dem Betriebsdirektor auf 10 Bogen einen vollendeten Überblick bietet.

CHEMISCH-TECHNOLOGISCHES RECHNEN

Von

Professor Dr. Ferdinand Fischer

Dritte Auflage

Bearbeitet von **Fr. Hartner**
Fabrikdirektor

Geheftet RM 2.50 kartoniert RM 3.—

Chemische Industrie: In bescheidenem Gewande tritt uns hier ein kleines Buch entgegen, dessen weite Verbreitung sehr zu wünschen wäre . . . Es wäre mit großer Freude zu begrüßen, wenn vorgerückte Studierende an Hand der zahlreichen und höchst mannigfaltigen in diesem Buche gegebenen Beispiele sich im chemisch-technischen Rechnen üben wollten; derartige Tätigkeit würde ihnen später bei ihrer Lebensarbeit sehr zustatten kommen. — Aber nicht nur als Leitfaden beim akademischen Unterricht, sondern auch in den Betrieben der chemischen Fabriken könnte das angezeigte Werkchen eine nützliche Verwendung finden.

CARBID UND ACETYLEN

als Ausgangsmaterial für Produkte der chemischen Industrie

Von

Prof. Dr. J. H. Vogel und **Dr.-Ing. Armin Schulze**
Berlin Altenburg

Mit 2 Figuren im Text

Geheftet RM 5.—, gebunden RM 6.50

Chem. Apparatur ... haben die Verfasser in glücklicher Auswahl alles das eingehend behandelt, was für den Forscher und den Techniker bezüglich der Darstellung chemischer Erzeugnisse aus Acetylen von Wert sein muß, wobei auch die neuesten Fortschritte auf diesem Gebiet eine besondere Berücksichtigung gefunden haben. — Die sehr zahlreichen Literaturhinweise und die ausführlichen Angaben aus der Patentliteratur erleichtern ganz außerordentlich das Studium dieses wichtigen Teilgebietes der chemischen Industrie, das dem Leser durch die anschauliche und klare Darstellung verständlich gemacht wird. — Das Buch wird jedem Chemiker im Laboratorium und im Betrieb und jedem Erbauer von Apparaten für die einschlägige chemische Industrie ein willkommener Berater sein. — Für den Forscher gibt es mannigfache Anregungen zur weiteren Bearbeitung aussichtsreicher und praktisch wertvoller Aufgaben auf diesem in starker Entwicklung begriffenen Industriezweige. Es wäre sehr zu wünschen, daß es in Fachkreisen und bei allen, die der Forschung auf diesem Gebiet ihre Aufmerksamkeit widmen, Eingang und weiteste Verbreitung fände.

Dr. Walther Rimarski